典范苏州
社科普及精品读本

小吃记

——品味——口感苏州——

老凡/著

中国·苏州
古吴轩出版社

总序

范小青

当我睁开眼睛，学着看世界的时候，我认识了苏州，认识了苏州人。

小时候，苏州很大，怎么也走不到边，八个城门，就像八个遥远的童话。长大后，苏州变了，不复存在的城门成了永久的记忆。

几十年来，我一直在写苏州，只有写得好与不好的区别，不存在写与不写的问题；只有写不够的饱满感觉，绝无不想写的丝毫念头。

确实，苏州是永远也写不尽的。

我熟悉苏州的一草一木，老城区的每条巷子，城外的每处山水；北边的阳澄湖，西边的太湖。人们在这座城市恬静安乐地生活，这种生活本身就说明了这座城市的不凡。

然而，一代又一代的人，还是忍不住要记下苏州究竟有多好。

因为苏州的独特的好，从古至今，住在苏州的，来过苏州的，甚至只是听说过苏州的，都要忍不住为她写点什么。

只是，一旦提笔，就难免会觉得，大家已经写得够多的了，持续的书写还有意义吗？但同时立刻又会想到，我们之所以能看到今天的苏州，能更深地理解苏州，不都是因为前贤们留下来的一字一字、一书一书、一碑一碑？

所以，记录总是有意义的。

何况是记录苏州。

从伍子胥建城至今，苏州古城有两千五百多年的历史了。再把时间往前推移到泰伯奔吴，岁月的线索就拉得更长了。而有实物考证的历史，比传说还久远，太湖三山岛遗址、唯亭草鞋山遗址，都见证了中国最早的文明。

大家都说苏州城秀美，物阜民安，文化丰饶。其实苏州未尝没有经历过天灾人祸、兵荒马乱，只是这里的人，总是能很快在废墟上重建辉煌。这份坚韧和刚毅，才是最值得我们骄傲的。

面对历史积累下来的无数辉煌，苏州市委宣传部、市社科联和古吴轩出版社联合编辑出版的这套《典范苏州·社科普及精品读本》，选用了一种很特殊的方式来介绍苏州灿烂而独特的文化：听声、读城、博物、品味、识人、传道，六个系列，声色指间，可听可感地把苏州文化娓娓道来。

典范苏州，其沉淀、传承与创新的文化，在中国甚至在世界文化领域都具有一定的代表性、独特性、丰厚性以及它们的传承性和创新性。这些典范特征不仅体现在特色鲜明的物化形态上、门类齐全的艺术形态上，还体现在文化心理的成熟、文化氛围的浓重、文化精神的彰显等诸多方面。可以说，这套丛书所选主题、所涉内容都充分展示了这种典范的特性。

虽然同样涉及昆曲评弹、园林山水、年画刺绣、名贤廉吏等，但这套书和之前出版的一些介绍苏州文化的丛书相较还是颇为不同、富有创意的。图片多，文字又多以散文笔法呈现，读起来轻松，有亲近感。用这样的方式来介绍苏州的典范文化，把那些遥远的传统，更明了更具象地普及到我们这个时代的人们面前。作为一套普及读物，丛书编纂不仅邀请了一批经验丰富的吴文化专家坐镇，还请来一批来自高等学府的青年学者、来自中国作家协会的专业作家，以及一部分崭露头角的青年作者共同助阵。组建这样一个知识体系和年龄层次都比较全面的作者梯队，是希望做到吴文化的有序传承和创新发展，为各年龄阶段的大众读者呈现一个新鲜的、全面的、美丽的苏州。

在这里，典范将一一亮相：《昆曲》，一声缠绵低吟，是苏州人的精致优雅；《古典园林》，文人信步，是苏州人的闲情潇洒；您再走走，《街巷里弄》都藏着故事，您也许就能在巷陌遇见一位唐宋走来的名贤，或是一位抿着笑意的明季才女……其他每一册也有诸多亮点。其中较为特别的，是“传道”这一个系列。《家风》《学风》等都是十分重要的苏州文化内容，影响深远，关乎时代命题，是新的文化使命，把这些内容包含进来，也是《典范苏州·社科普及精品读本》的一个新的探索。

党的十九大报告指出，要加强文物保护利用和文化遗产保护传承，要坚定文化自信，推动社会主义文化繁荣兴盛。《典范苏州·社科普及精品读本》的编纂出版过程，是提升城市文化自信的一个具体的实践。所以，无论是像我这样的老苏州人，或者是想了解、想融入这个城市的新苏州人，都不妨来读一读，或者您就是苏州的一个过客，甚至您只是在诗文戏曲里到过苏州，都可以从这套丛书中欣赏到苏州的诗意景象、文雅风尚、历史积淀、时代风貌，如同身临其境，一定能够真切体会身在苏州的骄傲和自豪，深切感受对于中华文化的自信和热爱。

头汤面

《美食家》朱自冶

浇头

冷浇、热浇、过浇、困底

松鹤楼

枫镇大面、卤鸭面

近水台

焖肉面、绉纱汤包

上梁、乔迁

定胜糕、馒头

进学

糕、粽子（高中）

点心：于苏州人而言，不仅是一种满足视、听、嗅、味、触五觉的吃食，还是人际交往中的一种不可或缺的必备之物，更是人们生活中一个不可或缺的情结。
适口为珍：苏州人从来就认为，好吃难吃都得自己说了算，这就是苏州人的一种美食观。

观振兴

排骨面、油氽紧酵馒头

绿杨馄饨店

蟹肉小笼

黄天源

葱猪油咸糕、炒肉酿团子

文魁斋

青团子

奥灶馆

红油爆鱼面

食中奇珍

乌米饭

朱鸿兴

三虾面、鳝糊面、净素菜馒头

喜蛋

全喜、半喜、浑蛋

稻香村

猪油玫瑰四方糕

小吃记关键词

点心　适口为珍

五芳斋

两面黄、面拖排骨

光面

阳春、飞浇、免浇

周万兴

米风糕

目录

㊂ 糕团 | 苏州人的精致生活

㊃ 时令点心 | 苏州人的“不时不食”

㊄ 流动的点心 | 苏州人的市井美食

食不厌精，脍不厌细。

——孔子《论语·乡党》

引子

清人孙静庵的《栖霞阁野乘》中有一段记述，说是康熙皇帝第三次南巡时，曾很奇怪苏州有“闻吴人每日必五餐，得毋以口腹累人乎”之习俗。所谓“野乘”，也即野史，自然不能全当真。于是清末民初的徐珂就此予以了纠正：“其实上达天听者，传之过甚耳。如苏、常二郡，早餐为粥，晚餐以水入饭煮之，俗名泡饭，完全食饭者，仅午刻一餐耳。其他郡县，亦以早粥、午夜两饭者为多。”（《清稗类钞·饮食卷》）

一个说一日五餐，一个说苏州人正儿八经的饭只吃一顿。一个有些过于武断，而另一个则把泡饭和粥都不算饭，又多少显得像是在抬杠。还是民国时期的海上闻人包天笑所说最为贴切：“就我家乡苏州而言，各业中颇有一日两餐的。”而他本人则是：“我不敢说二餐制，至少亦是二餐半制了。”

若是让我说，康熙的“一日五餐”不能算是错，只是不太严谨罢了。千百年来，苏州人始终遵循着的“一日二餐”的古制，至今遗风尚存，尤其是在农村乡镇中还常能看到。一天两顿，中饭和夜饭。至于康熙说的另三餐，其实只是“点心”而已。早起、午后、睡前都要吃些点心，至今许多苏州人家仍还保留着这样的习惯。

“点心”之称，由来已久，早在宋人庄季裕《鸡肋编》中就有所见：

“上微觉馁，孙见之，即取怀中蒸饼云：‘可以点心。’”而在稍后面世的《癸辛杂识前集·健啖》中，作者周密也有所云：“闻卿健啖，朕欲作小点心相请，如何？”但“点心”一词的定义，虽说千百年来，古人也多有深究，如唐人孙頠将此定义为：“有顷，鸡鸣，诸客欲发，三娘子早起点灯，置新作烧饼于食床上，与诸客点心。”（《幻异志·板桥三娘子》）宋人吴曾在《能改斋漫录》中也有所解：“世俗例以早晨小食为点心，自唐时已有此语。”但似乎在那个时段内，“点心”则只是“早点”的一个代名词，显然不是现在人概念中的“点心”。也许正是一直无人能给出清晰的定义，以至到了民国年间，仍有人会因此而发问，如《苏州小食志》就曾有这样的发问：“点心二字，不知何所取义？或者饥火中烧，以小食点缀之，得自安，点心之义得毋是欤？”

对于这个问题，倒是觉得宋人笔记《鹤林玉露》中所说接近正解：“有士人于京师买一妾，自言是蔡太师府包子厨中人。一日，令其做包子，辞以不能，曰：‘妾乃包子厨中缕葱绿者也。’盖其中亦有馅，为各种肉，为菜，为果，味亦咸甜各异，惟以之为点心，不视为常餐之饭。”但如此一来，“点心”就带有了明显的地域特征，如面条、馒头、饺子等北方人“视为常餐之饭”的食物，到了苏州还能不能称作“点心”了呢？看来还是不够精准，意趣也不如一段民间的传说。相传南宋初年，抗金名将韩世忠见士兵们浴血沙场，英勇杀敌，甚为感动，便令夫人梁红玉亲自下厨烘制大家爱吃的糕饼，送到战场，慰劳前线将士，以表“点点心意”。此后，“点心”便成了美味糕饼类的小零食的代称。

在苏州，常有人会这样说，“弄点点心点点饥”，看来，吃点心的主要目的就是为“点饥”。“点饥”这一词，《辞海》中没有收，不过，从字面上看，似乎确实像是在说饥肠辘辘时给上一点心理安抚。至于点心的分类，《旅苏必读》中有解：“（船宴）朝顿，八大盆、四小碗、四样粉点、四样面点、两道各客点。”妄自揣摩，大约面食类的叫“面点”，稻黍类的叫“粉点”，一人一小碗分食的汤羹类，应该就是“各客点”了。

也难怪康熙皇帝要惊讶苏州人吃东西不嫌累了。就一道小小的点心，在苏州，不但有着面、馄、糕、团、饼、馒、饺、羹、汤的分类，而且还有着家中常储，以备不时之需“点饥”的“小点心”，出门远足必带的“干点心”，待客品茗时摆上的“茶点心”，以及遍布全城的鸡鸭血汤、豆腐花、油氽臭豆腐等不计其数的小吃摊。若是再要细分下去，那花样层出、口味各异的点心，到底有着多少样，只怕很难有人能够说清楚。

点心若以时分，老苏州往往喜欢把“早饭”称作“早点心”，午后三点前后则为“吃点心”时分，临困时吃的则是“夜点心”。饭和点心，最大的不同在于前者要以吃饱为准，后者则以“吃不求饱”为准。至于绿豆糕、芙蓉酥之类的精细糕点，常被称作“小点心”，小点心不限时刻，什么时候觉得想吃了，拉开柜门就有。

一日之计在于晨，早点心当然也成了点心中的重中之重。若是被人说上一句“孵在屋里吃老泡”，在苏州，无论如何都是很没面子的事。所以，一早出门常能看到许多老电影里出现的场景：有人是夹着公文包走进面馆、馄饨店的；有人则是一边走着一边在吃大饼油条猪油糕；还有人，一走进办公室就从包里取出生煎馒头、油墩子，然后沏水泡茶拿报纸。总之，都怕别人会误会，以为自己也是个“吃老泡”的主。某种程度上说，早上的点心，也是一种身份的表露。清早不出门的，在家也不含糊，即便虾子鲞鱼、咸鸭蛋、甪直萝卜、酱黄瓜摆满桌，那也一定要弄上几件点心才算称心。讲究人家，吃汤包、小笼、生煎包；一般人家，油条蘸蘸酱麻油；最不济的，也会摊几张“面衣”当点心。光吃粥，不熬饥，不到“吃老泡”的份，苏州人的情感很难接受它。

下午的点心，最精致，往往只是一小碗甜汤和一小块甜品。“不时不食”是苏州人对大自然的亲近，各式甜点，亦然如此。莲心枣子汤、鸡头米、糖山芋、绿豆百合汤、桂花小圆子、青团子、糖芋艿、焐熟藕等等随季而变。不喜甜食的，就没这好口福了，只能下一碗“泡泡纱馄饨”，再来一客生煎馒头、汤包、小笼将就着了。若是在炎炎夏日，肠胃不振，那些个糖重油重的点心自也不能讨人喜欢。吃口重的，还能弄上些薄荷汤、大方糕之类偏于清淡的点心。吃口轻的，往往只能以冰镇西瓜、水红菱、生藕片这类的瓜果来替代了。总之，不管是什么时节，午睡起来，弄上些许点心，这是必需的。平江路上新开的一爿“桃花源记”点心店，老板名叫朱镕，外形是个潮男，迷彩服、马尾辫，他的一席话却让我觉

十二月时令小吃歌

正月里　闹元宵

二月里　撑腰糕

三月里　青团味道好

四月里　神仙糕

五月里　粽子吃一饱

六月里　麦粉余面条

七月里　巧果两头翘

八月里　月饼扎纸包

九月里　重阳糕

十月里　老肉团子刮刮叫

十一月里　石磨碾粉定胜糕

十二月　家家都蒸糖年糕

得很是亲切："记得小辰光，一到下半日三点钟，伲阿爹总归要带我出去吃点心咯。"

夜点心，不算很普及。有钱又有闲的，临睡前喝一小碗冰糖银耳羹、人参鹿茸汤，弄上一小块绿豆糕、冰雪酥之类的袖珍糕饼点一下心，谋求养生安神，睡一个安稳觉。真正"磨夜作"的，都是些吃不起补品的苦命人，只能在熬不过饥肠辘辘时，弄一些袜底酥、云片糕之类来填填肚子了。

于苏州人而言，点心不仅是一种满足视、听、嗅、味、触五觉的吃食，而且还是人际交往中一种不可或缺的必备之物。上梁造屋，乔迁新居，贺礼之中必备定榫糕（苏州"定榫糕"也作"定胜糕"）和馒头，寓意为"高、发"；小孩考学，则多以笔形粽子等预祝"笔中"；孕妇临产，要吃"催生团子"；小孩周岁分送"期团"，老人祝寿则要送"寿团"。如遇红白喜事，往来之物中，点心往往都是绝对的主角。逢年过节，亲朋好友、街坊邻居间互赠点心，以示同庆，也一直都是居家生活中一个基本的礼仪。

由此足以见得：吃点心，看来不单是祖上留下来的一个生活习性，更多还是苏州人生活中一个不可或缺的情结。

壹

一碗面

——苏州人的千面生活

苏州的精致能奢能俭。就拿一碗面来说，奢者有如“三虾面”。精选新鲜的太湖虾，去壳后分解成虾仁、虾子和虾脑，而后再通过不同的烹饪手段，最后组合成一碗三虾面的浇头。不明就里的人，也许会觉得苏州人真是闲，折腾来折腾去，这虾兵难道还能变成为蟹将吗？若说俭，也有“阳春面”即是一例。明明一碗光面，偏偏雅称“阳春”，阳春之下难有白雪，既无白雪遮掩，面自然也就光了。寓乐于吃，寓文于食，在吃中领受到生存的乐趣，这就是苏州人的精神享受，也是老苏州人对待生活的写照。简朴而不马虎，将凡物臻化出不凡，苏州人向来精于此道。

苏州面：精致生活的一个写照

苏州人爱吃面，听起来似乎有些和“南人饭米，北人饭面”的说法相悖。其实不尽然，苏州人吃面，至少可溯源至一千年前。据南宋庄季裕的《鸡肋编》：“建炎（1127—1130）之后，江、浙、湘、湖、闽、广西北流寓之人遍满。”金兵入侵，宋室南迁使得江南地区人口急剧增多，大规模的人口迁移，必然会造成原地域文化发生变异，首当其冲的当然是一日三餐的改变了。大量“饭面”的北人的到来使得面粉的需求变得空前高涨，至“绍兴（1131—1162）初，麦一斛至万二千钱，农获其利倍于种稻”，同时，官府也出台了鼓励政策，“佃户输租，只有秋课，而种麦之利，独归客户”。苏州人长期以来形成的“方为糕，圆为团，扁为饼，尖为粽”的食法，从此不但多出了一种“面条”的食法，而且还对古老的“索饼”、“汤饼”、“馎饦”赋予了新的形式。就在南宋年间，苏州昆山的“药棋面”就已经天下闻名。成书于南宋淳祐十一年（1251）的《玉峰志》中有这样的记载：“药棋面，细仅一分，其薄如纸，可为远方馈，虽都人、朝贵亦争致之。”将面条脱水成干，耐保存，易携带，可以运到远方，寻常的食物改良为馈赠礼品，这既是苏州人对面食发展的贡献，也是苏州人精心于食馔的一个例证。

寓乐于吃，寓文于食，在吃中感受到生存的乐趣，这就是苏州人的精神享受。这种享受的理念与钱多钱少没有直接的关联。有钱的不一定能领会到这样的享受；同理，懂得这样享受，并不需要太多的耗费。苏州人的一碗面，就是一个很好的诠注。

一碗光面，雅则能称“阳春”，阳春之下难有白雪，既无白雪遮掩，面自然也就光了；俗则呼之为“飞浇面”，意为浇头飞掉啦！一碗鱼面，偏生要叫“本色”，“鱼，我所欲也；熊掌，亦我所欲也”，读点孟子，此乃读书人之本色，故鱼面便为“本色”了。幽默风趣，细细领会处，往往忍俊不禁。类似的面馆专属用语在朱枫隐《饕餮家言》中的《苏州面馆中之花色》里还有许多：“苏州面馆中，多专卖面……然即仅一面，其花色已甚多，如肉面曰‘带面’，鱼面曰‘本色’，鸡面曰‘壮（肥）鸡’。肉面之中，又分瘦者曰‘五花’，肥者曰‘硬膘’，亦曰‘大精头’，纯瘦者曰‘去皮’，曰‘蹄髈’，曰‘爪尖’；又有曰‘小肉’者，惟夏天卖之。鱼面中，又分曰‘肚裆’，曰‘头尾’，曰‘头爿’，曰‘澽（音豁）水’，即鱼鬣也，曰

‘卷菜’。总名鱼肉等佐面之物，曰‘浇头’，双浇者曰‘二鲜’，三浇者曰‘三鲜’，鱼肉双浇曰‘红二鲜’，鸡肉双浇曰‘白二鲜’。鳝丝面、白汤面（即青盐肉面）亦惟暑天有之，鳝丝面中又有名‘鳝背’者。面之总名曰‘大面’，曰‘中面’，中面比大面价稍廉，而面与浇俱轻；又有名‘轻面’者，则轻其面而加其浇，惟价则不减。大面之中，又分曰‘硬面’，曰‘烂面’。其无浇者曰‘光面’，光面又曰‘免浇’。如冬月之中，恐其浇不热，可令其置于面底，名曰‘底浇’。暑月中嫌汤过热，可吃‘拌面’。拌面又分曰‘冷拌’，曰‘热拌’，曰‘鳝卤拌’，曰‘肉卤拌’；又有名‘素拌’者，则以酱、麻、糟三油拌之，更觉清香可口。喜辣者可加以辣油，名曰‘加辣’。其素面亦惟暑月有之，大抵以卤汁面筋为浇，亦有用蘑菇者，则价较昂。卤鸭面亦惟暑月有之，价亦甚昂。面上有喜用葱者，曰‘重青’，如不喜用葱，则曰‘免青’。二鲜面又名曰‘鸳鸯’，大面曰‘大鸳鸯’，中面曰‘小鸳鸯’。凡此种种名色，如外路人来此，耳听跑堂口中之所唤，其不如丈二和尚摸不着头者几希。”

苏州人爱吃面，苏州面馆自然也兴隆。至少在三百多年前，文人的笔下就屡屡出现过面馆的景象。乾隆二十二年（1757），在临近闹市观前街的宫巷，成立了苏州史上第一个事关面条的行业协会，世称“面业公所”。

二十世纪五十年代阳春面

二十世纪六十年代咸菜肉丝面

二十世纪七十年代焖肉面

二十世纪八十年代双浇面

苏州面沿革

「浇头」一词，起于何时，很难再究，通常解释是苏州的「面浇头」。一碗光面，雅则能称「阳春」，俗则呼之为「飞浇面」。苏州的「浇头」应该算作是「桥头」的谐音。面熟捞出放入汤碗中，捞面师傅的笊篱犹如是座「桥」。面入碗中，师傅必以长筷挑起翻盖成形，行话中称此为「搭桥」，桥上的「浇」更像是桥上的「头」。

二十世纪九十年代过桥面

数百年中，面馆业兴衰起浮，开停并转，让人很难再对苏州面市做出量化的判别。幸而，在苏州碑刻博物馆中，还有一块保存基本完好的《苏州面馆业议定各店捐输碑》，通过它，也许还能使我们寻找出一些苏城面业兴盛的印记。

碑文撰于光绪三十年（1904），主题是重修面馆公所及为面业同仁募集基金，捐资按照每月的营业额“千钱捐钱一文”。据碑文所载，认捐的面馆多达八十八家，多者如观振兴、松鹤楼，各出四百五十文；少者如四时春、长兴馆等，也各认捐六十文，合计募捐得钱一万一千七百九十文。按照光绪年间的币值，一千钱兑银一两，募捐得银约合十二两。由此推算出，当时的苏州面业生意每月至少也在一万两千两左右。再用米价换折，当时是四两银子一石（六十公斤），每月折米一百八十吨。这些米，搁到今天，怎么也能合上一百多万元吧。

一百多万元，今天看来，也许并不多。但有几点却不得不提，碑文上所列的这八十八家面馆覆盖的区域基本如现在的姑苏区那般大，而且这八十八家面馆并没有包含了全部，如莲影《苏州小食志》中写到的“皮市街金狮子桥张锦记面馆，亦有百余年之历史者也”，就没有出现在认捐者之列。齐门渔郎桥堍的“万泰”，光绪初年始创，以一碗“开阳雪菜面”闻名苏城，它也同样没出现在捐赠人名录中。另外，那时的苏州面馆基本上只做一市，清人瓶园子的《苏州竹枝词》有“三鲜大面一朝忙，酒馆门头终日狂”之咏，且有小注称：面馆是“傍午即歇”，酒馆是“自晨至夜”。可见当时面馆只做早市，至中午就关门落栓打烊了。还有一点很

重要，当时的人口也远不如现在之多。根据《苏州市志》记，光绪三十三年，苏州城区连同附廓仅有三万两千九百九十四户。按照约定俗成的单户四人来计算，那时的苏州人口只有十二三万。由此或可见得，苏州面馆的好生意，苏州面市的兴盛，可谓是由来已久，至少不会比现在差很多。

还有一点也很值得关注，当年的"苏州一碗面"，其影响远不止在姑苏。在民国十七年（1928）出版的《杭俗遗风》中记录了不少在清道光、同治年间杭州的习俗。在"苏州馆"的条目下写道："苏州馆店所卖之面，细而且软。有火鸡、三鲜、焖肉、羊肉臊子、卤子等，每碗廿一、廿八、三四十文不等，惟炒面每大盘八十四文，亦卖各小吃并酒、点心、春饼等，均全此为荤面店。尤有素面店，专卖清汤素面与菜花拗面，六八文起价，如上斤则用铜锅，名'铜锅大面'，并卖羊肉馒头、羊肉汤包，再三四月间，添卖五香鳝鱼，小菜面汤亦各二文。"这至少能说明，早在一百五十多年前，苏州的一碗面就已经走出苏州了。

反观今日，倒是有点今不如昔的味道了。据我所知，在最近的二三十年里，苏州曾有好几家颇享名声的面店试图将苏州的面推向全国，有在南京开店的，也有在北京设分号的，可都是好景不长，最后铩羽而归。唯有上海，还算勉强有点苏州面的市场，但也没一家是打苏州字号的。原先在重庆路上的"沧浪亭"面馆，大约是年头最长的了，据说是二十世纪六十年代初上海饮服公司派人从苏州取经后开设的特色小吃馆。近年来，在瑞金路淮海路上开了一家卖苏州面的"吴越人家"口碑也不错。但严格说起来，它也都只能算是改良后的"海派苏式面"了。就拿浇头来说，沧浪亭面馆出名的浇头有开阳葱油面、面拖黄鱼面，而吴越人家的招牌面则是醇香排骨面和罗汉上素面。很显然，这几样面浇头，在苏州本地的面馆中，历古到今都没出现过。

究其原因，除了制作精心、味美适口以及人文习俗等诸多因素外，似乎和面馆老板的理念也有一些关系。曾在民国年间的《苏州小食志》中，读到过颇具盛名的张锦记面馆的经营之道："该店主尤善迎合顾客心理，于中下阶级，知其体健量宏，则增加其面而肉则照常；于上流社会，知其量浅而食精，则缩其面而丰其肉，此尤大为顾客所欢迎之端，迄今已传四五代，而店业弗衰。"无独有偶，在朱大黑先生的《名牌老店朱鸿兴》中，也有类似的记载："朱鸿兴最显著的风景线是店门口排满黄包车。高消费者一上黄包车，车夫就推荐去朱鸿兴吃点心，而车夫到店后，取出洋瓷大口杯，买根面筹，就可拿到一碗半左右的阳春面，还外加红油一勺，油水十足，满满一大口杯，就地坐在黄包车踏脚上，享用起来，大可补偿体力的消耗。其实，这是朱春鹤的策略之一：要赚高消费者的钱，而对阳春面放宽，真有点'赚富济贫'的侠义味道。"这两则故事，至少能说明一个问题，那时的面馆老板显然很注重于不同层次客人的消费心理，因而在经营中也想方设法来满足每一位客人的需求。

面汤：吊不出老汤开不了面馆

就影响力而言，苏州的一碗面显然没有山西刀切面、兰州拉面、北京打卤面等等那样出名，然而这一切并不等于苏州的一碗面就此逊色于其他。究其因，正是因为超常的制作精细才限制了它向全国普及的能力。比如，苏州面馆中的那锅“老汤”即是例证之一。

在苏州，吃面最讲究的就是那碗汤水。吃客对面馆的评价往往先是“那家面馆的汤水如何如何……”而对于面馆的老板来说，一锅汤，它就是面馆的招牌，一锅老汤，也往往成了面馆最大的资本。曾有一个笑谈，二十世纪六十年代中叶“破四旧”，造反派冲进朱鸿兴面馆所做的第一件事，就是一榔头将朱鸿兴的汤锅给砸了。他们认为，“老汤”才是面馆罪恶之根本，砸老汤的革命性，远比砸店招牌来得更为彻底。由此也可见得，苏州人的一碗面汤水，在苏州人的心目中占了多么重要的地位。

一锅面汤，是不是真的这么重要？几百年里，一直存在着截然不同的看法。著名的“挺汤派”领袖袁枚认为“大概做面总以汤多为佳，在碗中望不见面为妙”。他最拿手者，是做“鳗面”。以大鳗一条，拆肉去骨熬汤，汤中再入鸡汁、火腿汁、蘑菇汁，一大碗汤中极少量面。而同样著名的“倒汤派”领袖李渔则不以为然：“南人食切面，其油盐酱醋等作料，皆下于面汤之中。汤有味而面无味，是人之所重者，不在面而在汤，与未尝食面等也。调和诸物尽归于面，面具五味，而汤独清。如此方是食面，非饮汤也。”

说实话，一直以来都觉得李渔的这番吃面理论有点小矫情。他之所以这么说，目的还在于炫耀他所创制的专供家人食用的“五香面”，以及待客专用的“八珍面”。他在《闲情偶寄》中说道：“五香者何？酱也，醋也，椒末也，芝麻屑也，焯笋或煮蕈、煮虾之鲜汁也。先以椒末、芝麻屑二物拌入面中，后以酱、醋及鲜汁三物和为一处，即充拌面之水，勿再用水。拌宜极匀，擀宜极薄，切宜极细。然后以滚水下之，则精粹之物尽在面中，尽勾咀嚼，不似寻常吃面者，面则直吞下肚，而止咀咂其汤也。”至于他的“八珍面”，那就更夸张了：“八珍者何？鸡、鱼、虾三物之肉，晒使极干，与鲜笋、香蕈、芝麻、花椒四物，共成极翻之末和入面中，与鲜汁，共为八种。”李渔说，做此“八珍面”，鸡鱼之肉，一定要取精肉，稍带肥腻者不能用。鲜汁也不用肉汤，要用笋、蕈或虾汁，因为面性见油即散，擀不成片，也切不成丝。拌面之汁，加鸡蛋清一二盏更宜。

其实李渔有所不知，这般精细的气势苏州也有，而且有过之而无不及，富有江鲜特色的“刀鱼面”即是一例。每年的清明前后，是刀鱼最为鲜美之时。肉极细嫩，一蒸后酥松脱骨，将剔除骨刺的鱼肉和在面粉里，制成面条，便是刀鱼面。记得小时候，一斤刀鱼也不过八九毛钱，家中偶尔也会做几碗刀鱼面应应景，如今刀鱼涨到了一斤三四千元，也就连想也不敢再想了。

前几年，苏州有家新开张的面馆，曾打出过这样的宣传：“每桶汤用二十斤苏太猪肉骨头、一只生春阳火腿、七只河南生态草鸡、六只草鱼头、五斤黄鳝骨来吊鲜。这些食材质量都呱呱叫，像苏太肉是苏州地区唯一获得产地、产品双认证的无公害猪肉，吃口好就更不用说了。实际操作下来，一桶汤只能下三百五十碗面，这样算下来，每碗面汤光成本就超过四块钱。”

一桶汤，算下来差不多一千四五百，免不了慕名而往。味道相当不错，但总觉得这“豪汤”性价比不算太高，也不是太符合苏州面汤的传统。《浮生六记》中有这么一句，沈复夸芸娘，“善不费之庖，瓜蔬鱼虾，一经芸手，便有意外味”，甚为精辟。苏州人素来善以“不费之庖”而出“意外味”，而苏州的一碗面汤，称它为典范，丝毫不算为过。常去面馆的老苏州，几乎都知道，苏州的一碗面，无论是红汤还是白汤，除了熬汤的猪光骨勉强算是正料，其余的全都是些平常人家弃之不惜的下脚料，很少听说拿着整鸡整鸭乃至整条火腿来吊汤的。

枫镇大面，白汤面中的佼佼者，熬汤的主料是猪骨和鳝骨；其精妙之处就在于选用上好的酒酿来吊鲜头，故汤清无色，醇香扑鼻，成了一道久负盛名的夏日清隽面点。奥灶面，红汤面中的佼佼者，主料无非都是些“鲜活肥硕的青鱼黏液、鱼鳞、鱼鳃、鱼血”这样的腥物，但是通过添加各种香料，先煎后煮，曲酒去腥，葱姜提香，小料冲汤以及用菜籽精炼而成的红油卤后，色泽棕红，咸中带甜，浓厚鲜香，无愧于独步姑苏的一朵面中奇葩。由此也可印证，善用常人眼中连“不费之庖”都算不上的厨房弃物，吊出食之难忘的“意外味”，这才是苏州面汤的根本之味，也

是苏州的一碗面汤水能够悠远绵长数百年的缘由所在。

我自然不会吊汤，但也知道这不是一个省力的差事。听人说，吊汤是个慢活，火大了汤色发浑，火小了鲜香出不来，非得那汤锅里串串泡泡如清泉相吐，不能任由汤水翻滚方好。就这样，慢慢地、悠悠地煨，吊出一锅好汤，少说也得五六个小时。如果面馆六点钟开市，吊汤的师傅半夜就得起身，起火、加料、撇沫、调味、滤渣，折腾到天明，才算是大功告成。

喜欢来一碗苏州汤面的人，一定会注意到在所有的面浇头中，焖肉最实惠，差不多大小的一块焖肉、一块熏鱼或者是排骨，说生胚，五花肉的价钿最大，然而烧熟成面浇头，焖肉却最便宜。根据老吃客的说法，原因就在于烧制焖肉的汤汁，吊汤提鲜全得仰仗它，哪爿面馆的焖肉浇头烧得不行，那么这家店的面也一定好不到哪里去。当然，各家面馆的提鲜手段也都各有自家的手段。鳝骨提鲜最著名，也有用鸡壳子，用螺蛳或者其他别物当作提鲜用物的，但有一点可以确定无疑，极少有面馆依靠味精来提鲜的。早几年，养育巷口新开了家面馆，装修相当不错，可一踏进店堂，就是一股浓浓的类似于鸡精、蘑菇精的气味，同行的朋友丢下了一句“这家卖的一定是方便面”，死活也不愿屈尊品尝了。

虽然苏州人对面汤的注重几乎到了苛求的程度，但在苏州其实也有好几种面式是一点也不用汤汁的，比如夏天热销的冷拌面，以及一年四季都有的热炒面就都是无汤的干面。

苏式炒面有软、硬之分。硬炒面，即是大名鼎鼎的“两面黄”，其中尤以观振兴的“虾蟹两面黄”最为著名。两面黄的炒制也有两法，一种

虾仁两面黄，世面上已没有了，不过搭配着肉丝、鳝丝等等的两面黄还是可以一吃为快

是直接将生面下油锅氽，另一种是先将生面入沸水氽后再入油锅氽制。前者脆性重，后者则是脆中略带韧性。两面黄氽时先徐徐将面条放入五成热的油锅中，顺向盘成圆形，氽至底面呈金黄色，翻过面来也氽至金黄色，然后滤去油，加入高汤焖烧至水干，盛在盘子里，原锅加入熟猪油，先炒虾仁，后炒蟹粉，再将虾蟹同锅颠匀后勾芡，倒在炒面上，一碗

松脆鲜嫩的“虾蟹两面黄”就能上桌了。

传统的苏式软炒选用小阔面或棍子面（粗细约如筷子）。先将生面煮熟后捞出，置于匾中冷却，再用素油拌和后散放。上桌前，根据客人的需要，将面条起油锅加配料炒制而成。软炒面的配料品种相对多一些，常见的有虾仁肉丝、菠菜肉丝、白菜肉丝等，甚至还有什锦炒面也很好吃。口味以咸鲜柔爽滑为特点，既能佐酒，也能当餐，还非常适合家庭中

糟油冷拌面

自制。于此录一段《苏州传统食品》中的烹制法，以供常吃方便面的年轻人，适时调节一下口味："以菠菜肉丝为例，原料是熟阔面条150克，精肉丝40克，菠菜25克，精盐5克，酱油20克，绍酒10克，绵白糖3克，熟猪油50克，味精2克。烹制时，炒锅置旺火上，舀入熟猪油，烧至七成热（微见白烟）时放入肉丝炒，加绍酒、精盐、绵白糖烧沸，放入面条，加精盐、酱油、清水。盖上锅盖焖烧五分钟，去盖，淋上熟猪油，将面条盛入盘中，原锅中肉丝仍置旺火上，加入菠菜、味精颠翻，淋上熟猪油出锅，铺放在炒面上即可上桌。"

要是觉得这还麻烦，那也可以尝试做一碗也不用面汤的"糟油冷拌面"，这也是一道味道很不错的传统面点。在唐代诗人杜甫的《槐叶冷淘》诗中就有描写："青青高槐叶，采掇付中橱。新面来近市，汁滓宛相俱。入鼎资过熟，加餐愁欲无。碧鲜俱照箸，香饭兼苞芦。经齿冷于雪，劝人投此珠。愿随金騕袅，走置锦屠苏……君王纳凉晚，此味亦时须。"

冷拌面的制法，不算很难。生面买回后，可用上笼蒸制的办法，不需要蒸得太熟，否则会觉得口感偏软，也就没有冷面的风骨了，一般水开后再蒸十五分钟就行了。蒸时如果觉得生面偏干，可以适量洒一些水，否则面条的韧劲出不来。若是掌握不了火候，也可以先蒸至六分熟后再在滚水中过一下。过去的办法往往是面条蒸好后先用凉水冲一下，然后用冷开水再洗一下，以使面条迅速停止熟化，并去除面条中的碱气。现在一般店家都采用风扇来冷却，一边将面条挑松，一面用强力风扇吹，这样制作出来的面条效果也很不错。所以，冷拌面也因此有了"风扇冷面"的别号。自从有了冰箱后，一次蒸制冷面胚可微多一些，将冷却后的冷面淋上一些食用油，拌匀后冷藏起来，吃上个一两天应该没什么问题。

但要注意的是，千万不能加调料，否则调料都渗入在了面条中，吃起来既没有层次感，而且还会并成一坨，难看还难吃。冷面调料的配置很随意，镇江醋、麻油、生抽、花生酱、白糖、味精，各取所好，现拌现吃，只需注意酱油尽量少用些，否则黑乎乎的影响食欲。当然，味道最好的还属糟油拌面，不过我曾试过好多次，直接用市售的糟油，不管是上海老大同、宝鼎的糟卤，还是太仓特产糟油来拌面，吃起来的效果怎么也不如店家那么好，可能这里面还隐含有一定的门道。还有一点值得指出，吃冷拌面时浇头宜清淡，焖肉、熏鱼、大排之类的就不是很合适，卤面筋、炒素或者炒肉这一类口感偏重的也不是最好，以我所好，有一份绿豆芽炒青椒干丝最为适宜。

当然也有吃得极致的，在元代画家倪瓒的《云林堂饮食制度集》中，就有一段关于冷拌面调料的极致配制：生姜去皮，擂自然汁，花椒末用醋调，酱滤清，作汁。不入别汁水，以冻鳜鱼、鲈鱼、江鱼皆可。旋挑入咸汁肉。虾肉亦可，虾不须冻。汁内细切胡荽或香菜或韭芽生者，搜冷淘面在内，用冷肉汁入少盐和剂。冻鳜鱼、江鱼等用鱼去骨、皮，批片排盆中，或小定盘中，用鱼汁及江鱼胶熬汁，调和清汁浇冻。

苏州的一碗面，虽以汤汁而著称，但没汤的面同样也精彩，苏州人的吃经由此可见一斑。

營業寫真（六十八）

賣拌麵（頌）

清真教門冷拌麵。莫説澆頭一點點醬油蔴油豆芽菜。拌成請把滋味辨。也有歡喜加辣火。越辣越鮮易下肚。不過吃容若過顛。剃頭莫加辣火。斷主顧。

面条：适口为珍才是硬道理

接待外地客人的时候，常会遇到颇让人尴尬的问题：“哪天去尝尝苏州的头汤面？”细细想来，这事还得归咎于陆文夫先生，在他的《美食家》中，有这么一段描写：“最重要是要吃‘头汤面’。千碗面，一锅汤。如果下到一千碗的话，那面汤就糊了，下出来的面就不那么清爽、滑溜，而且有一股面汤气。朱自冶如果吃下一碗有面汤气的面，他会整天精神不振，总觉得有点什么事儿不如意。所以他不能像奥勃洛摩夫那样躺着不起床，必须擦黑起身，匆匆盥洗，赶上朱鸿兴的头汤面。吃的艺术和其他的艺术相同，必须牢牢地把握时空关系。”

寥寥数笔，堪称经典，在陆文夫的笔下，“头汤面”俨然成了主人公朱自冶生活中最重要的组成，似乎也成了苏州汤面中的极致。但在现实中，“头汤”压根就算不上是真正的“汤”，说穿了，一锅清水而已。水清，下出来的面条就不会有碱味，俗称不带“面汤气”。苏州人吃面确实是讲究。虽说“挂面”是由一千多年前的苏州人发明的，但真正的“老苏州”却并不喜欢吃挂面，原因就是挂面不带碱。苏州人真正爱吃的是带碱的面，碱面煮熟后既有黏性又有弹性，吃口还松软，捞在鲜汤中，汁水也更容易为面条所吸收。

在吃的方面，苏州人向来就喜欢给自己找麻烦。生面中必须要有

《美食家》插图，张晓飞绘

到朱鸿兴去吃头汤面吃罢以后再坐上阿二的黄包车到阊门石路去蹲茶楼

新式面馆汤锅

碱，煮熟后却不可有一丝碱味。朱自冶宁可放弃好觉，也要赶着去吃一碗清水中捞出的“头汤面”，道理就在此间。文学源自生活，高于生活。其实在平常生活中，想吃一碗不带碱味的好面，也未必就如小说所写的那样可遇而不可求。

回忆一下，老面馆的灶台，在小一点的面馆中，下面锅旁都带有一口清水汤罐；而在大一些的面馆中，则并排烧着两大锅水。师傅在下面的时候，都会一边将浮在面上的带碱水舀出，一边将汤罐里的热水补充，只要师傅手脚勤快不偷懒，面馆中即便生意再忙，“面汤气”无论如何也不会到吃了就要“整天精神不振，总觉得有点什么事儿不如意”的程度。而在那些生意特别好的面店，往往灶头上同时烧着两锅水，这锅水浑了，马上就换另外一口锅煮，也绝对不会有很重的“面汤气”。

“千碗面，一锅汤”有点言过其实。但随着一碗碗面条的出锅，下面水中的碱味不断增加，这也是不争的事实。真要想一点碱味也没有，大约只有自己家中的“过汤面”了。烧开一锅清水，面条入锅后，稍稍沸滚几下后便捞出，迅速放在自来水里漂洗至清后待用。锅中另放少量清水，若是有现成的鸡汤、肉汤代替清水，那当然更好了。烧开后，放一些肉丝之类的荤腥煮一会，再放入洗过碱的面。喜欢吃硬的，烧开后少滚几下；喜欢烂的，那就多滚几下。虽说和面馆中的风情不一样，但这样的“过汤面”也确实很好吃。我曾多次吃过镇江的“锅盖面”，南京的“砂锅面”，盐城的“鱼汤面”，其做法和“过汤面”非常相似，吃下来味道也感觉很不错，所以一直不明白，为什么吃口很不错，在外地也很有市场的“过汤面”，却绝少有苏州的面馆愿意经营它，只是在《苏州烹饪古今谈》中见到过“‘大东粥店’还卖过菜心烂糊面、雪冬肉丝面等家常品种”的记载。莫不成这里面也有着某种文化的暗合？

菜心烂糊面实质就是青菜烂糊面。作为一种简单实惠的廉价面食，当然不需要精致到一棵大青菜上只选一棵芯了，况且单用菜心煮出来的面也并不见得好吃许多。烂糊面一般都在霜降后才开始吃，因为这时的青菜经过霜打，烧熟后特别甜、特别糯，而且也容易入味。

做烂糊面用的面，不能用高档面粉。若是用了特一级的精白粉，看上去雪白滑润惹人喜爱，但由于其含筋量高，所以无论如何也烧不出烂糊的效果；除非放入高压锅内煮。烂糊面就得选用最为低等级面粉制作的面条，你若一时分辨不出，那就买价钱最便宜的那一种，准保不会错。烂糊面最大的问题是不耐饥，苏州人本来就有“面黄昏，粥半夜”的俗语，更何况汤多面少的烂糊面了，吃得肚子胀也顶不了一两个小时，所以若要拿烂糊面当顿吃，往往都会再另加一些糯米粉搓成的“瘪子（嘴）团”来顶饥。

烂糊面的制作很容易，几乎人人都能做。起个油锅烧热后倒入青菜，煸出香味，然后就加水加盐，烧开后将生面放进去，再等烧开后即加入“瘪子（嘴）团”，盖上锅盖焖烧几分钟，看着汤汁有些发稠了，也就是苏州人说的“糊”出来了，此时锅中的面条一定也“烂”了。趁热盛入碗内，撒上一些胡椒粉，淋上一汤匙熟猪油，香气四溢，鲜味十足，入口即化的烂糊面就成了，尤其适合老人和幼儿服食。

如果在没有大菜应市的春夏天，“面氽条”则受许多人的喜爱。面氽条的制法和烂糊面很相似，而且更近乎于古代人称之为“馎饦”的面条。

面氽条的制法有干、湿之分。湿的方法比较简单，只需先调好面糊后醒一下，然后用一根筷子将面糊拨成一条条小鱼般大，投入煮沸的汤锅就行了。干的方法略微麻烦些，先将面粉加水揉搓成扁圆形长面团，醒上一小时后再切成片，其形颇似苏州小河里常见的“串条鱼”，又因下锅时，为防粘连，需要一片片投放入沸腾的汤水中，又颇像是鱼儿串入水中在翻腾，故而苏州人又常喜欢把面氽条称之为“面串条”，很显然，这个称呼远比面氽条更为形神兼具，意趣十足。

面氽条还有一个特点很有趣，与它能配伍的似乎只有咸菜和肉丝，我曾注意到一个细节，整条沪宁线上，但凡是打着老字号招牌的商家，售出的都是同一个名号：“咸菜肉丝面串（氽）条”。用料虽不算讲究，但烧制却也不能不讲究。起锅后，先将肉丝加葱、姜、料酒煸一下，然后另起油锅煸咸菜，这时有要点，一定要把咸菜煸出香味来，吃起来才有味

烂糊面制作材料：面条、青菜、瘪子（嘴）团

咸菜肉丝

道。接着加入适量的水，如果有鸡汤那就更好了，把肉丝投入，煮沸一会儿，尝尝汤鲜出来了，最后才是下面条。

面氽条的特点是咸鲜爽滑，吃起来既觉得面条有筋道，而且也觉得很入味，很适合夏天里用来调口味。如果在和面时，加入一些鱼茸、虾茸，那出来的味道更让人觉得是一种挡不住的诱惑，吃了还想接着吃，不打饱嗝不算完事。

有位食界朋友在来了一趟苏州后，得出的结论是："苏州人吃面，真是让人看不懂。有人耐不得半点'面汤气'，吃'过汤面'还觉得有碱味，非要吃用鸡蛋发的面条才行；而另一些人呢，烧起'烂糊面'来，非但生面要有碱，而且碱还要重，这样煮出来的'烂糊面'才算得正宗。"

其实，这一点也不奇怪。苏州人从来就认为，好吃难吃都得自己说了算。"适口为珍"，这就是苏州人的一种美食观。

面浇头：老字号中的“一招鲜”

袁枚说，吃面的首要是汤水好；李渔则认为，吃面首先要面身好。很难说他二位的说法有什么不对，然而在苏州人的心目中，面浇头更有着不可替代的重要性。苏州的面浇头，不但有煎、炸、炒、烩、焖、卤等制法，也有着能满足口味需求的冷浇、热浇、过浇和“困底”（放在面下）等，种类之繁多，制作之精妙，琳琅满目，枚不胜举。可以这么说，如果有谁对孔夫子的“食不厌精，脍不厌细”还自觉缺少感性认识的话，那么苏州的面浇头，完全可以给您提供足够的帮助。

“浇头”一词，起于何时，很难再究，通常解释是苏州的“面浇头”，套用自北方的“盖浇饭”，即将佐餐菜卤浇于主食之上。但在我家老辈人中，却曾有过另解，苏州的“浇头”应该算作是“桥头”的谐音。面熟捞出，掼两掼，将面卷紧，放入汤碗中，捞面师傅的笊篱犹如是座“桥”。面入碗中，师傅必以长筷挑起翻盖成形，行话中称此为“搭桥”，撩成后，如鲫鱼之脊，更如拱桥在水，端上桌，桥上的“浇”更像是桥上的“头”。所以在苏州，只有“过桥面”而从未有“盖浇面”之说，道理也就在此。听着有些像戏言，不过我还是觉得蛮有些道理的。

在苏州，只有『过桥面』而从未有『盖浇面』之说

苏州的面浇头品种之多，大约能称华夏第一了。单在王稼句先生所撰的《姑苏食话》中列出的，就有数十种之多，有焖肉、炒肉、肉丝、爆

三虾拌面

鱼、块鱼、爆鳝、鳝糊、虾仁、三虾、卤鸭、壮鸡、头尾、三鲜、什锦、肚裆、甩水、卷菜、白汤蹄髈、小羊、凤爪、小肉、素浇等。此外，如面筋、素鸡、火方、香菇、牛肉等，也都是面馆中的常备浇头。如果再算上雪菜肉丝、扁尖肉丝、蘑菇肉片、开阳雪菜等派生而出的浇头，真让人一时难以取舍。

苏州的面浇头，不但品种繁多，而且还讲究风味各异，浇头的特色几乎就是面馆的特色。如松鹤楼的卤鸭面，奥灶馆的红油爆鱼面，近水台的焖肉面、刀切面，朱鸿兴的三虾面、鳝糊面，观振兴的白汤蹄髈面、排骨面，六宜楼的以青鱼尾为料的甩水面，四时春的小肉面，五芳斋的两面黄、面拖排骨，以及小无锡的肉丝面，鸿兴馆的葱油蹄髈面，老丹凤的小羊面、凤爪面，卫生粥店的锅面等等，这些都是苏州面馆中的“一招鲜”。

苏州的面浇头，首先是用料讲究。在《醇华馆饮食脞志》中，有一则关于松鹤楼卤鸭面的记载：“每至夏令，松鹤楼有卤鸭面。其时江村乳鸭未丰满，而鹅则正到好处。寻常菜馆多以鹅代鸭，松鹤楼则曾有宣言，谓‘苟能证明其一腿之肉，为鹅而非鸭者，任客责如何，立应如何’！”选料之严谨，或也可见一斑。“京沪驰名”的朱鸿兴面馆对原料的选购也是极为注重。店主朱春鹤睡在店里，天未亮外出采购，不合标准的宁可不进不买。

若要论及苏州面中的浇头之王，应该是初夏时节应市的“三虾面”了。最近在一家面馆中，看到水牌上标着的价钱是人民币六十元一碗，还真算得上相当“吃价”的了。

虾，为苏州人最喜爱的水产之一，市场上常见的有青虾和白虾两种，其中又以太湖中出产的白虾为上。太湖白虾又称长臂虾，俗呼水晶虾，通体透明，晶莹如玉，略见棕色斑纹。通常的吃法多为盐水虾和油爆虾，但这两种虾一定要是新鲜的活虾才能有好滋味。常听人说，某店家虾仁全用新鲜活河虾挤出，我看有点言过其实。首先是活虾身上多黏糊，压根就没法挤；再者一斤新鲜的活河虾，这年头怎么也得好几十元，就算一斤能出四两虾仁，折算下来，一斤虾仁不连人工起码也要一百多元，面馆、饭店老板能下这本钱？

河虾不宜久存，出水便会死，用来出虾仁，才算得上是物尽其用。死虾价钱不及活虾价钱的三分之一，三斤虾能出虾仁一斤，算下来既有享受也有实惠，用来待客也不失有“台形”。所谓的“三虾”，实质并非是有三种虾，而是将虾身先分为虾仁、虾子和虾脑三件，而后再通过不同的烹饪手法，最后再组合成一碗三虾面的浇头。不明就里的人，也许会觉得苏州人真是闲得没事做，折腾来折腾去，这“虾兵”难道还能变成为“蟹将”吗？但这恰恰才是老苏州人对待生活的写照，简朴而不马虎，将凡物臻化出不凡，苏州人向来精于此道。

而一年一度的苏州“三虾面”，应是这种生活理念的一个经典之作。每年的农历四五月，是太湖河虾的抱卵期，成虾不但虾肉鲜美、虾子饱满、虾脑充实，价钱也最便宜，是一年中吃虾最好的时节。而所谓的“三虾面”即是将出了虾仁的弃物的一次再利用。

青虾

买虾不用选活虾，活虾的虾子很难脱落。若选“活鲜带子虾”出虾仁，反倒是事倍功半，大不合算。操作前，先将虾中的杂物清除掉，然后放入细淘箩中，浸入清水盆后，将虾腹在箩壁轻轻揉搓，取出虾子漂净沥干水，放入炒锅内加料酒、葱结后煸出香味来。接下来就是掐下虾头，挤出虾仁，洗净后沥干水，用蛋清、干淀粉上浆后待用。最后才是取虾脑，将虾头、虾壳放入沸腾的葱姜水中煮一会，捞出后，去头壳，留下虾脑待用。以上还只是预处理，接下来还有大讲究。烹调时，先将虾仁在四分热的猪油中划散至乳白色，倒入漏勺中滤净油；原锅仍置旺火上，放入葱末后，再将虾子、虾脑入锅略炒一下，加调料、鸡汤，锅开后倒入虾仁，略烧后勾上薄芡，淋上麻油就算大功告成了。夫人所下的一碗“三虾面”，至今我还未遇见能出其右者，而她的神来之笔就是最后再将刚才煮沸的虾头、虾壳汤重倒入锅中，沸煮、撇沫后加料合成面汤水。据她心得，虾味最为迁就，但凡鸡鸭鱼肉都只能夺味，只有用原味虾露来合面汤，才能真正吃出“三虾”的本鲜来。也曾恭维过太太的厨艺出神入化，颇有几分“善以不费之疱而出意外味”之悟性，回答却是有点无趣：“那是没算功夫钱。算上了人工，一碗面六十元一点也不贵。”

在唐鲁孙先生的《中国吃》“吃在上海”里有一段逸闻，从中能见民国时期苏州的三虾面在上海的影响之大：“靠近大中华饭店有一家叫大发的，本来是一座黄酒馆，后来他把苏州松鹤楼掌灶的请了来，因为顾及同行义气，不好意思也卖松鹤楼拿手的三虾热拌面（虾仁、虾子、虾脑所逼出的油叫三虾油）跟松鹤楼比。可是到了清水虾盛产时期，他研究出卖虾脑汤面，一碗热气腾腾的虾脑面端上来，赤蕾赖尾，简直是一碗白玉盖珊瑚面，有人愣叫它珊瑚面。此外菜肉蒸馄饨，大闸蟹上市时候的蟹粉汤包，更是名闻遐迩。有一个时期，我跟金融界朋友在大中华饭店开有长期房间，上海名票陈道安哲嗣、青衣名票陈小田，因为大发湫仄嘈杂，所以一到河虾旺市，总是来到大中华我们的房间吃虾脑面。这时候倪红燕还没有跟郑小秋结婚，她想跟陈小田学京剧《落花园》，在大中华吃了三顿虾脑面，就把全出《落花园》学成了。您说虾脑面的效力有多大。”

如果说三虾浇头是面浇头中的湖鲜之最，那么一碗喷香扑鼻的“蕈油面”无疑就是面浇头中的山珍之王了。苏州西郊丘陵中，生有多种食用菌蕈，在清人吴林（字息园）所作的《吴蕈谱》中，记有能入馔的野生蕈类就有二十六种之多，可分上、中、下三品，其中尤以松林中所出松花蕈为翘楚，其味远胜于一般野生蘑菇。松蕈，由于它含有大量的蕈糖，故而也称糖蕈。根据吴林之描述，松蕈生于松树茂密处，松花飘坠着土生菌，一名珠玉蕈，赭紫色，俗所谓紫糖色是也。卷沿滨桷，味同甘糖，故名糖蕈。黄山、阳山皆有之，唯锦峰山昭明寺左右产之尤甚为佳品。（《吴蕈谱》）南宋诗人杨万里曾有《蕈子》诗，诗中盛赞其味：“色如鹅掌味如蜜，滑如莼丝无点涩。伞不如笠钉胜笠，香留齿牙麝莫及。菘羔楮鸡避席揖，餐玉茹芝当却粒。作羹不可疏一日，作腊乃堪贮盈笈。”诗中虽没著一“鲜”，但字字之中皆是鲜，所言松蕈味如蜜糖、滑如莼丝、香馥胜过麝香，鸡羊、白菜诸鲜都只能甘拜下风等描述，无愧于生花之妙笔。

对于大自然的馈赠，精于食道的苏州人当然不会错过。在《吴蕈谱》序言中写道：“凡蕈有名色可认者采之，无名者弃之，此虽一乡之物，而四方贤达之士，宦游流寓于吴山者，当知此谱而采之，勿轻食也。”

上图：松蕈冷盘
下图：松花蕈油面

在谱后，作者还收录下了《斫蕈诗》四首，其中有一首咏道：“老翁雨过手提筐，侵晓山南斫蕈忙。敢为家人充口腹，卖钱端为了官粮。”可见得，苏州人采食菌蕈由来已久。民国年间刊印的《吴中食谱》中也有记载：“寺院素食，多用蕈油、麻油、笋油，偶尔和味，别有胜处。”文中的蕈油，即松蕈油。取新鲜松花蕈入菜油之中，文火慢熬后加入酱油、白糖等调味继续熬之，直至水分大半都去，密闭于密罐中，久藏不变，吃面时淋上少许，鲜美异常，淡然间一股松香味悠然而至，令人食之难忘。颇负盛名的常熟蕈油面原先就是常熟兴隆寺中和尚食用的一道素食，后来得到了食客们的青睐，遂尔声名鹊起。民国三十六年（1947），宋庆龄、宋美龄姐妹莅兴福寺上香，品尝蕈油面后曾连声发赞，从此松花蕈油面便成了带有常熟标志的地域特色面了。

为追本味，我曾随同当地人一起，在苏州西郊一带的山地中寻摘过松树蕈。据当地人所言，松树蕈主要附生于松树根边或松林中的绿苔地上，常年都有，只要气温在二十度以上，松林中便有松树蕈，但以春秋二季生长最旺，品质也最为上乘。

松树蕈采摘不易，收拾起来也挺麻烦。新鲜采下来的蕈里有很多小虫子，得先撕去表层的膜衣，洗干净后必须用盐水浸泡三四个小时，然后才能下锅熬油。而且松树蕈应市时间极短，据《吴中食谱》所记：“在清明节前后，有糖菌者，为吴下产物，小而圆，嫩而脆，多产于附郭诸山，过时即如老妪之鹤发鸡皮矣。”也许正因为麻烦的缘故，同时又存食用安全的隐患，万一误食毒蕈，那可是性命攸关的大事。所以苏州家庭中熬制松蕈油吃面的很少见。不过，在苏州人家中，利用不同的食材熬油调味面条汤食，这很常见。

熬油用料不讲究，丰俭由人，各取所好。丰者选用虾仁、蟹黄等，俭者则用毛豆、青葱以及香椿头物，而其中尤以春季熬笋油、秋季熬蘑菇油最为常见。不管选用哪类食材，都有一个共通，那就是一定得有足够的耐心，其中尤以熬笋油最吃工夫。取下春笋的根部一段，切成五分厚的薄片，上微火至少也得熬上两三小时，直到春笋中的水分基本置换出来，锅中的笋油呈现出金黄色，而一片片春笋却又似鹅黄，这样的油才是品质上乘的春笋油。其间人还不能离灶，得不断地翻炒煎熬中的笋，否则，受热不均，会在笋片上留下难看的枯黄色，这就多少有点扫兴了。在平江笑笑生所撰的《笋与鱼之絮语》中有一段记载，十分传神："苏城仓米巷有隆庆禅寺，方丈僧炯庵，尝以笋□□□□于油，用油少许，即可点汤瀌面，味甚美，而有时香积厨□所制素斋，尤可口。一日余问之曰：'人言大师厨下，每以清鸡汁□肴之原料，信乎？'僧有辩才，应曰：'和尚亦光头百姓耳，安能无食欲？但以鸡汁供斋馔，勿虑贫僧破戒律，窃恐今日无此挥金如土之大施主也。'余又言笋油之美，僧曰：'何美之有。'因命取冬笋，就炉旁连衣壳烘之至熟，随熟随剥，随剥随食，味醇厚，精华不外溢。其油酱亦不同市中物，余为大嚼，连引满。僧笑学懒残作诀曰：'炉中炭，火中笋，超超元著君应省！'师于懒残为何如，姑不具论，不才如我，何从梦见邺仙。此我于食笋时，每怀方外旧交而赧然者也。"

食不厌烦，但求好吃，大约普天下也找不出第二个这般既有闲心又耐得这般闲工夫的地方了。

面馆：风情、人情汇聚出人气

在苏州文化中，无论是文学还是艺术，都有着相同的共性，都离不开市井文化的渲染；在苏州人的生活中，也是这样。每一条小街，每一个行业，都有着一道道由不同风情构筑起的靓丽风景线，这也是姑苏文化艺术绵延数百年而经久不衰的一个重要原因吧。同样，苏州的面馆，也因自己独特的魅力为苏州的风景奉献上了一笔浓浓的色彩，而为此做出最大贡献的不是作家，也不是画家，当然更不是所谓的美食家，而应该是一代代衣钵传承的面馆老板、师傅、堂倌以及无以计数的苏州面客。

“堂倌”是旧称，现名叫作服务员，在面馆中，负责收碗、抹桌子的那位即是。大多数服务员，既不会下面，也不会做浇头，甚至连招呼客人的事情也不用费心，于是，这份差事成了面馆中地位最低、收入最少的一位，似乎也在情理之中。

然而，在旧时的面馆中，堂倌几乎是每家面馆中最为重要的角色。北京作家赵珩曾在《“堂倌儿”的学问》中概括道：“‘堂倌儿’不是厨师，但耳濡目染，厨房里的知识和烹饪程序都要能说得出来。‘堂倌儿’不是社会学家，但对三教九流，不同民族、不同社会阶层的习惯风俗却能了如指掌。‘堂倌儿’不是历史学家，但对自己供职的馆子以及当地饮食业的历史、人文掌故与成败兴衰却一清二楚。‘堂倌儿’不是心理学家，却

2
1

现炒

谙熟形形色色顾客的情绪变化与心理活动。‘堂倌儿’不是语言学家，却能准确而规范地表达和叙述，言辞得体。”

此番高论，乍一听，确似有些夸大其词，但看一下当年面馆中堂倌的收入，就能明白，赵珩先生确实没在信口开河。朱大黑先生的《续记名牌老店朱鸿兴》有一个数据，朱鸿兴面店的老堂倌沈祥生回忆道：“我是1954年进朱鸿兴的，朱春鹤给我开工资每月九十万元（旧币），而当时一般的店员仅三四十万元也在养家糊口。”六十年前的九十万元折合现在币值可不是一笔小数目。那年头，一个政府部门的正科长，一个大学高年资讲师，月薪也不过就这个数。由此可见，堂倌的地位在面馆中从来就是不低的。

说实在，旧时的堂倌形象还真不能算是好，胸前带着一条白围裙，上短下长两口袋，短的放一把调羹汤匙，长的里则插着一把长竹筷，左肩挂一块毛巾自用的，忙累用它来擦汗，右肩则是擦桌子用的揩台布，看上去很像是走街串巷卖杂货的人。而在一些旧戏文中，堂倌所能的无非也就是些鉴貌辨色、油嘴滑舌的小伎俩，所以许多不了解苏州风情的外地客，对苏州的堂倌基本上没什么好印象。其实，这真是天大的冤枉，至少在苏州的老面馆里，完全不是那么回事。说他们和老吃客之间如同朋友相交，毫不为过。

在苏州的老面馆里，经常能遇见这样的场景，当客人进店吃面时，相熟的堂倌往往会来上一两句面馆中特有的幽默。客人要的是阳春拌面，上面时，堂倌就会跟上一句：“某先生，倷个‘洋盘’来哉。”如果是哪位熟客点了“鳝卤拌面”，他们的吆喝更是好玩：“灶头上听好！老吃客某先生今朝又要来‘缠叻个绊’哉。”苏州话里的“洋盘”意思和“冤大头”差不多，而谐音“鳝卤拌”的“缠叻个绊”，在苏州话里类同于“缠绕不清”的意思。这些话，搁在平时都不是什么好话，而在此情此景时，却总能给人带来会心一笑。

会开玩笑的人说话都小心，堂倌尤其是这样。当出现尴尬时，堂倌也自有妙言，客人要四碗面，那喊下去时万万不能称“四碗”，“四碗”谐音“死完”，谁说就没人犯忌讳？“两两碗来哉！”这就是堂倌的应对。称光面为“飞浇”，诚然是幽默，但如果来客是位囊中羞涩、脸皮又薄的主子，这样的玩笑难免会让人生出一丝尴尬。这时候，堂倌往往喊出的是“某号桌，某先生今朝免浇”，给客人留足了面子。阳春、飞浇、免浇，都是光面，怎么喊，才舒服，这全靠堂倌经年累月练成的眼力劲了。至于那些至今仍为人所津津乐道的“红两鲜末两两碗，轻面重浇，免青宽汤，硬面一汆头，浇头过个桥”的“响堂”，可以说，是每一个堂倌的必备基本功之一。

此外，堂倌的端面功夫也算得一绝。一碗面连汤带面，加上碗，怎么也要斤把重。本事差一点的堂倌，用托盘送面，一般托盘要垒三到四层，约莫一十八碗。托着这二三十斤重量，堂倌一溜小跑，稳稳当当，绝无半滴面汤洒出。遇上本事了得的堂倌，连托盘也不用，就凭双手端面，动作潇洒自如，真真羡慕煞人。曾见过一堂倌左臂装六碗面，右手扣三碗上桌的情景，像杂技表演那样迷人，遇见熟客，有时还双手一摆在空中画出一条优雅的弧线，那更是魔法般的艺术了。

那时的面馆实行的是“先吃后惠钞”，要等到客人出门时，才由堂倌将客人的消费唱到账台上，然后客人再按数付钱。于是就有人赞叹堂倌记性好，不管店生意有多忙，报出来的总价总是分毫不差，从不见会出差错。其实这里面有蹊槛，并非就一定是堂倌本事大，而是奥妙尽在盛面碗上的花纹。在外人眼里，盛面碗只有大和小，小碗里装的是二两面，大碗则是二两半。但在堂倌眼里，碗上不同的花纹就是账单。印象中记得只有一圈青边的碗代表客人吃的是光面，两圈边的则是焖肉面，因为这两款面相对最便宜，吃得多了也就记住了。至于圈和圈之间镶嵌的图饰以及红边碗、金边碗等等代表的什么浇头，那就记不太清楚了。

说来也是可惜，当年面馆中的这道风景线，消失于世差不多有四十年了。不知道当年这些身怀绝技的堂倌如今还剩几位了。看来，即便现在开面店的老板有心要恢复昔日店堂的景貌，大概也是很难的了。在《苏州面馆业议定各店捐输碑》的碑文中，有一段文字给我印象很深刻。那就是面业公所每月募捐得款，全都用于面馆员工服务："俟后遇有同业身故，倘棺木及殡费无着，俾可略为资助，免得在外叩求，以全同业体

面。”这种全行业间的互济，我不清楚算不算就是“行风”；也不是很清楚，现在面馆行业中是不是还有这一类的互济互助组织了。（注：这是保险最早的模式。）

闲多了，也就容易犯天真：如若是政府有关机构能够伸出援手，劳动一下健在于世的老堂倌，收几位徒弟，将他们的技能传承下去，那一定是真正弘扬老苏州风貌的功德事。哪怕是现在再也没人愿意做堂倌了，那么请出这些老辈人，记下那抑扬顿挫笃悠悠，犹如烟润水浸一般的“响堂”声，录下他们空手托碗的矫健身手，将老苏州面馆风情记录成

册，想必后世人一定也会说上一声："多谢，多谢，多谢老祖宗有心了！"

苏州面馆中的堂倌果然是风景，但离开了众多的吃客，那么他们也不会有用武之地。在苏州，许多人对于一碗面的钟情，可说是到达"痴情"的程度，而其中尤以陆文夫笔下的朱自冶最为极致。一个终日无所事事的朱自冶，但有一件事却从不待慢，那就是眼睛一睁，天不亮也要坐着黄包车去朱鸿兴吃面，否则的话，"他会整天精神不振，总觉得有点什么事儿不如意"。

固然这是作家源于生活但又高于生活创作出来的杰作，但生活中痴心于面的苏州面客还真是大有人在。已故诗人叶球曾讲过一个故事，某君在北京当导演，隔天通电话时还说忙得想女人的工夫也没有，可第二天中午他却在接驾桥的陆长兴面馆里出现了。问他怎么回事，他说半夜里突然想吃苏州的面了，想得实在不行了，只好动身买了一张飞机票回来，吃完面就回京。即便乘的是"红眼航班"，但这碗面起码也得要好几百，此君够得上"面痴"的雅号了。

二十世纪七十年代，我还在做学徒，中饭基本上就是太平桥堍"曙光点心店"中的一碗面。而与我为伴的，其中也有不少吃出了名堂的人。

要说吃面的门槛，大约没有比老张更精的。老张买面筹从来只买二两的小碗，面筹递上灶时，一句吆喝："硬面一汆头，浇头摆个渡，重油拌重青，轻浇重面。"从没听说他忘掉过。别看这一句吆喝才十九个字，内中的学问可是大着呢。断生即可的硬面，趁着面条还没涨开赶紧捞上，二两的筹子，还要是不带汤水的拌面，师傅怎么也不好意思捞少了，一点点面条躺在碗底对于店家也总不见得体面。第二声是第一声的加强，面浇头另装单盘，目的就是不能让面碗显得太充盈。重油拌重青，这是伏笔。最后一句可是学问最大，乍一听，客人要面多一些，浇头少一些，似乎客人在吃亏，怎么说鱼肉要比面粉贵一些吧，可老张买浇头从不

买如肉丝、炒素之类论勺的面浇头，只买焖肉、大排、熏鱼这种论块卖的，而且早早就隔着玻璃把身强体壮的选好了，这“轻浇重面”颇有几分暗度陈仓的意味。

把老面馆里行家话连成一串，自是无懈可击。但如此这般的面条也没什么好滋味，毕竟吃面讲究的还是那碗老汤汁水。山人自有妙计，老张自是胸有成竹。取好面，笃悠悠地开始找座位，找好座位慢吞吞地拿着筷子挑面条，直要等到面条涨糊，而后才起身端着面条又上灶头，敲敲碗边，示意店家给加点汤，这时候，“重油重青”的伏笔就派上用场了。二两面钱填饱四两肚子，这就是本事。

便宜要占，风雅不失，这门槛才称得上一个“精”。一样喜欢占便宜，水坤可就算不得是什么门槛了。他只晓得“来家什”这一招。也是二两的面筹，直愣愣上的家伙却是一只二十厘米的钢精锅。面师傅给了他半锅子汤水，他还是要人家再给添上一勺，非要一根根面条能在面汤里游泳了才算罢休。三筷两筷吃完了面条，端起一锅汤水晃晃悠悠回家去。后来才听说，这一锅子汤水带回家后，他是要留作晚上做菜泡饭的。便宜自是占够了，但风度却是缺失了一点点。

要说风度，那就要数一群兄了。一群兄吃面也只买二两的面筹，但浇头从来就是要双份。递上筹子的时候，也总要关照一句“面少点，有一两就可以了”。这样的“小开”，店家自也高看一眼，往往灶上收下了面筹后，便柔声请他先坐下，面成后，自有服务大姐亲自为他端过去。

还有一位老师傅，吃面也颇有特点。每次吃面时遇见他，总见得买的都是二两“阳春面”，从没见过他买过任何浇头面。他的浇头是一只俗称“小炮仗”二两半的白酒瓶，吃面时总是“嘶啦嘶啦”地把面汤先喝掉，而后掏出酒瓶把酒倒在面碗里，筷子挑挑和，而后再吃他独门的“酒拌面”。只因不是一个车间的，只记得他姓仇，什么名却是一点也记不起了。

一碗面条，弄出这许多花样，真不知是在“吃”还是在“玩”。千百年来，许多苏州人就是在一边翻挑着碗中的面条，一边就在饶有意趣地品评着面身、面汤水、面浇头，面师傅、面招牌，面馆、堂倌，当然还免不了会编排出几段百年老店的故事，有时玩得开了，还会稍带上乾隆皇帝一起玩上一把，似乎只有这样的品位才够得上“津津有味”，才算真正地享受着生活。

面中双骄：苏州面的皇帝情结

苏州是个传说无处不在的城市，上至两千五百多年的历史，下至柴米油盐酱醋茶的开门七件事；雅至阳春白雪的私家园林和昆曲，俗至街巷、井河的名称，几乎都有着各不相同的传说和故事。作为苏州人所爱的一碗面，当然也免不了有着和面条一样脍炙人口的故事和传说。也许会有人觉得，这些无稽之谈没什么价值，然而我却觉得，离开了这些故事和传说，苏州的一碗面至少在“玩”的意境上相对会逊色。在包括面条在内的许多传说中，乾隆皇帝常常会在故事中充当着重要的角色，在名闻遐迩的枫镇大面和奥灶面故事里，同样如此。枫镇大面和奥灶面也由此成为名声赫赫的苏州特色面点。

红油爆鱼面，即是大名鼎鼎的奥灶面。几十年前，还尚属玉峰山下“奥灶馆”的一碗特色面，后来名声逐渐在苏州、上海一带传响了起来。近年来，声势可谓是一年胜过一年，大到几乎都快成了苏州一碗面的形象代言人。上至五星级的大酒店，下到几张桌子的小饭店，至少有一多半都把它当作菜单中首推的点心。

说起奥灶面的来历，坊间有一段乾隆皇帝的传说。说是某年某月的某一天，乾隆皇帝微服远足，晌午至半山桥，正觉腹饿不堪之时，忽见一村舍前有位老妪正操勺烧面，门口歪歪扭扭地书着“颜复兴面馆”几个大字，乾隆皇帝精神一振，走进一看，却大失所望，里面又小又旧，黑咕隆咚。天子虽十分懊恼，可又耐不住腹中饥饿，无奈中只得叫老妪做上一碗，尝不上两口，竟觉味道极佳，于是伸手指着灶头问道："这是什么面？"

老妪名叫陈秀英，本是位心灵手巧的绣娘，擅长烹调精细小吃，只因年纪大了，眼睛不好使了，手脚也不灵活了，才盘了这家小面馆为生。因视力太差，故而那灶头龌龊寻常也瞧不见，常常受村邻埋怨。这时候见客人指着灶头说话，以为是在说灶头脏，忙说："客官休怪，眼睛看不清，弄得鏖鏖糟糟的。""鏖糟"二字是苏州土语，意思是"龌龊得很"。乾隆爷哪听得懂这，于是问随行的太监："她那是什么意思？"那太监更是云里雾里，懂个什么？可圣上的话又不能不回，急中生智，答道："这是奥灶面，奥灶，奥灶，奥妙在灶头。"从此"奥灶面"便芳名远扬了。

书场中听来的故事，自是不能当真。在《昆山商业志》有记："奥灶馆，前身是天香馆、复兴馆。天香馆创于清咸丰年间，距今已有一百余年。复兴馆创店人陈秀英，小名康姐，嫁于颜门为媳，故又称颜陈氏。颜陈氏原是地主赵三老太家的绣娘，擅长刺绣和烹饪，深得主人喜爱，后赵家将债户用以抵债的天香馆小面店赠与颜陈氏，让其自谋生计。"清咸丰时距离清乾隆足有百多年，显见得乾隆吃面一事纯属杜撰。

在昆山传统饮食文化中，最擅长的是制面条。《昆新两县续补合志》说："鸭面，西门面肆所制最佳。有鸭脯一方，加面上，名'鸭浇头'。邻境多市以饷亲友。"《巴溪志》也说："鸭面系冬令朝点之美味，与昆山西门煮法相同。先煮鸭脯，以鸭汤漉面，盛大碗，使汤多于面；切鸭脯加面上，名曰'浇头'，鲜肥可口。旅游巴地（今昆山市巴城镇）者，咸喜

食之。”可见昆山人煮面高超，由来已久。

至于奥灶面的成名史，志书中的说法是：“当时半山桥一带面店甚多，同行妒忌，诬传复兴馆为‘鏖糟馆’（鏖音áo，方言，弄脏的意思。鏖糟，犹言龌龊，不干净）。但因红油爆鱼面其味鲜美，深受食客赞誉，从此‘鏖糟馆’口头成名，社会上不少名流专程前来品尝，名声越传越广，成为名店。在1956年对资本主义工商业改造高潮中，年已七十六岁、两鬓花白的颜陈氏参加了全行业公私合营。挂何招牌？当时中共玉山镇党委书记戴燕梁专门邀请有关人士商议，定名‘奥灶馆’，以示奥妙灶头，独特风味，又与原音相似，从此‘奥灶馆’招牌披带红缎挂了起来。富有传统特色的面点更为人们所喜爱，上海《新民晚报》率先刊载，凌晨赶来品尝面点的人越来越多。当时奥灶馆处于半山桥北堍，西塘街口，一开间门面，七只靠壁桌，一副‘三眼一发’稻草灶，很难应付顾客，半山桥人群拥挤。1959年10月在有关部门帮助下，奥灶馆迁移至半山桥南堍，利用原有居民住房进行整修，砌建大的四眼煤灶，增加一倍座位，缓和了一下供需矛盾。同年，颜家后裔嫡子颜连生和现特级厨师徐天麟，精心烹煮‘红油爆鱼面’送往北京。”

我曾有幸拜访过奥灶面的非物质遗产继承人刘锡安先生，并从他那里见识到了一碗汤鲜味美的奥灶面，原来全出自于道道精细的工艺。

奥灶面之贵首先在于红油，选用当年的新菜籽油，经过熬煮煎氽爆鱼后，使之原本色呈黄膘的菜籽油变成了鲜艳夺目的酱红色，由于油中吸取了鱼体和酱汁葱姜香，又保留了一定程度的菜籽香，所以和一般煮面之油相比，具有独特的鲜香。其次就是充作面浇的爆鱼，采用的是鲜灵活跳的出自于双洋潭或是阳澄湖的肥嫩青鱼，既不能大又不能小，五斤左右为准，若遇酷热鱼缺，宁可停供，也不用杂鱼充数。宰杀时鲜鱼不落地，保持清洁，下刀厚薄均匀。制作时，先将切好的鱼片放入由酱油、白糖、曲酒以及葱姜香料配成的卤汁中浸入味，然后再以旺火大锅氽至棕黄色，嫩度适宜，两次烩锅，冰糖烩煮，陈酿取香，色泽棕红，浓厚鲜香。俗话说“演戏靠腔，厨师靠汤”，红油爆鱼面的汤水即是红油汤，所用的物料均取自于活青鱼的黏液、血鳞、鳃，加水投锅煎煮后再与爆鱼的油汁勾兑成红汤，因而也有人称奥灶面的总根是青鱼。面条选用上好的精白粉，反复揉捏出韧性后，擀成面皮后再用利刃切成绝细的面条，面条的刀口处有细孔，以使鲜味得以渗透入面身。虽说现在都用机器制面了，但老字号的奥灶面馆，都有专门的打面老师傅亲自操刀，打出的面条依旧是根根雪白如银丝，煮成捞入碗中，细腻滑爽，软糯有劲，油不粘碗，丝毫不输当年的手工面。除此之外，一碗上品的奥灶面离不开一个“烫”：面要烫，投锅煮面时水大透足，少投勤捞，保持水清，捞出后直接入碗，不在温水中过；配制好的面汤始终放在铁镬中热着，盛入碗中，貌似不见有热气，但吃进嘴里，一不留神就会烫着了嘴，因为滚烫的红油把面汤中的热气都压住了。再加上碗烫和筷烫，五烫合一，这也是奥灶面的特色组成。

说来也是有趣，尽管红油爆鱼面和枫镇大肉面同被苏州人戏称为面浇中的“哼哈二将”，但是从形式上来看，它二位却是天生就唱对台戏的“欢喜冤家”。前者是红汤，后者则是白汤；一个是爆鱼浇，一个则是大肉浇；一个是浓油赤酱的鱼汤面，一个则是咸鲜酸甜的肉汤面；一个讲究的是五烫合一，一个则在追求着清爽宜人。大约唯一有些相似的，就是它俩都有一个关于乾隆皇帝的传说。

枫镇大面，俗称白汤大肉面，源出于苏州寒山寺所在的枫桥镇，为吴门夏令佳点之一。从它的形式上看，关于枫镇大面的来历，相传也有这么一段：风流天子乾隆皇帝下江南，一夜行舟，鱼肚白时分船至苏州城外铁铃关，在枫桥镇上岸，腹中真格是饥肠辘辘，恰巧镇上一家小面店刚刚开门，乾隆皇帝一脚踏进店堂，两个太监立刻责令店家快快上面，可此时面条尚未轧好，哪得面条煮？而来者气势汹汹，店家不敢多言，着急之际，一眼瞥见桌上隔夜用剩的一些生面，赶紧就煮。捞出后才发现，面已走碱，一股酸气。情急之下，店主顺手拿起一碗甜酒酿，倒在了面汤里，本想借着酒酿中的甜酸味，冲淡些面酸。谁知乾隆爷龙胃大开，连汤带水吃了个干净。末了问店家：“你给我们吃的是什么？”店家原本就有几分惧怕这几位凶巴巴的北方爷，再加上让客人吃的是走了碱的隔夜食，心中发虚，脱口而道：“枫桥镇大汤面。”“好！好！好一碗枫镇大

枫镇大面

面。”乾隆爷金口一开，枫镇大面的名声便在苏州百姓中传开了。

姑妄言之，姑妄听之，自也不必耗神探其究竟。但就制作之精良，枫镇大面还真对得起坊间所誉“最难做、最精细、最鲜美”的赞美。

如果说“鱼是奥灶面的总根”的话，那么枫镇大面的总根无疑就是肉。首先枫镇大面的焖肉浇头均取自于毛猪身重在一百二十至一百五十斤之间的“黑毛小猪身”，而且也只用猪身上的三精三肥硬肋大精头那一部分。其次就是肉的加工精细。一块焖肉，先要将肉放入清水中泡两小时，其中还需换清水五次，直到血水漂洗净，再佐以调料腌制，入大火烧熟，剔出肋骨，只留软骨，用刀刮清肉皮，修出刀面，然后再上炉文火慢焐三四个小时，直至肉烂而形不散，冷却后，再用利刃切成块块大小一样、厚薄均等，绝不会有熟客吃得大而厚，生客吃得小而薄，弄得不巧还是几块碎肉拼搭而成那样的状况。这样出来的焖肉，肥则腴而不腻，瘦则酥烂醇香、满口鲜汁，才真正对得起“枫镇大肉”这四个字。

与红油爆鱼面相比，枫镇大面的汤水又是别具风情。枫镇大面中不说“吊汤”而常用“拼汤”这一词。拼汤，顾名思义就是要用到几种汤。枫镇大面中的第一味汤所用的材料是黄鳝。旺火烧沸清盐水后，迅即倒入黄鳝，盖上盖，烧至鳝嘴张开，捞入凉水中划背取肉，留待开始后制作爆鳝、鳝糊等浇头。然后将剩下的鳝骨、头尾和内脏等一起丢回原汤锅，几经去沫淀脚至汤色清澄，再倒入五分之一煮烧大肉时所得的卤，加入作料、香料袋后再经几次去沫和淀脚，直至汤色呈现出淡淡的绿豆青，改用小火慢慢煨烧留待后用。另用一钵，放入酒酿后再倒入清水，待其发酵至米粒浮起后，加入葱花便成酒酿露。上桌前，先在碗中放入一些酒酿露，然后加入一调羹大肉卤，接着冲入豆青色的肉汁鳝骨汤，最后才是捞入面条放上大肉浇头。

红汤白汤都可以，是肉是鱼无所谓，最最要紧的是这家面店里的师傅本事一定要好！

苏州十碗面

枫镇大面

枫镇大面，白汤面中的佼佼者，熬汤的主料是猪骨和鳝骨。其精妙之处就在于选用上好的酒酿来吊鲜头，故而汤清无色，醇香扑鼻，成了一道久负盛名的夏日清隽食点。

奥灶面

奥灶面，红汤面中的佼佼者，主料虽都是鱼鳞、鱼鳃、鱼血这样的腥物，但通过添香料，先煎后煮，去腥提香，小料冲汤和上精炼的菜籽油而成的“红油卤”，色泽棕红，咸中带甜，浓厚鲜香，无愧于独步姑苏的一朵面中奇葩。

虾蟹两面黄

硬炒面，即是大名鼎鼎的“两面黄”，其中尤以观振兴的“虾蟹两面黄”最为著名。徐徐将面条放入油锅中氽成金黄色，加入高汤焖烧至水干，盛在盘子里，浇勾了薄芡的虾仁和蟹粉在炒面上，一碗松脆鲜嫩的“虾蟹两面黄”就能上桌了。

焖肉面

苏州面条讲究汤水，虽手法各有千秋，但万变不离其宗的奥妙却在那块焖肉浇上。爱吃面的老苏州都知道，哪家面馆的焖肉不地道，即便你把三虾、蟹粉、鳝糊等吹破天，但端上来的那碗面，滋味绝对好不了。一块焖肉的魅力就在此。

蕈油面

如果说三虾浇头是面浇头中的湖鲜之最，那么颇负盛名的“蕈油面”无疑就是面浇头的山珍之王了。取新鲜松花蕈入菜油之中，文火慢熬后加入酱油、白糖等调味继续熬之，吃面时淋上少许，鲜美异常，淡然间一股松香味悠然而至，令人食之难忘。

三虾面

“三虾”，是将鲜虾先分成虾仁、虾子和虾脑，通过不同的烹饪手段后再组合成一碗三虾面的浇头。这就是老苏州人对待生活的写照。简朴而不马虎，将凡物臻化出不凡，苏州人向来精于此道，堪称湖鲜之最的三虾面即为一例。

双凤羊肉面

“双凤肥羊大面”为餐饮文化中的特色品种之一，以酥、浓、香、肥著称。相传一百多年前，有个姓孟的师傅在有着一千六百多年历史的双凤古镇西市梢开了一个面馆。因其重烹肉、善熬汤、精制面，使得“双凤孟家羊肉面”名声在外，远近皆知，成为地方上的冬令特产名吃。

卤鸭面

“每至夏令，松鹤楼有卤鸭面。其时江村乳鸭未丰满，而鹅则正到好处。寻常菜馆多以鹅代鸭，松鹤楼则曾有宣言，谓‘苟能证明其一腿之肉，为鹅而非鸭者，任客责如何，立应如何’！”打造百年老店靠的就是诚信，松鹤楼的“卤鸭面”即是例证。

炒肉面

苏州黄天源素以糕团著名，其中的“炒肉馅团子”可谓是独树一帜，但黄天源的一碗“炒肉面”在苏州也是极具盛名。一样的物件成就了两大名牌，在外人眼里，也许这就是苏州人经商有道，但究其深因，还是苏州人的一种生活态度，精致往往蕴含于不经意之中。

烂糊面

“苏州人吃面有人耐不得半点带碱的‘面汤气’，非吃‘头汤面’不可；而另一些人呢，烧起‘烂糊面’来，非但生面要有碱，而且碱还要重。这样煮出来的‘烂糊面’才算得正宗。”有些外地人看不懂，其实这就是苏州人“适口为珍”的美食观。

贰

面点

——苏州人的精粉生活

俞涌先生曾作过一条迷，谜面是“美食家——打一调料”，谜底则是“味精”，见者都说有趣且贴切。确实，苏州人的味觉之精到，求味之精致也常为外地来苏人士所赞叹不已。但是，真正的老苏州心里都明白，苏州的味之“精”其实全出在各人自己的一张嘴，适口便为珍。

饼：比价廉更高的特质是物美

同样是出身于面粉世家，苏州各式饼点的地位却是比面条要低了不少，尽管在苏州的早点品种中，大饼油条所占的比重丝毫不在面条之下，尽管饼式点心中也有着如“蟹壳黄”等深为有闲阶层人士青睐的品种，但不管从哪个角度看，饼式点心始终没能走出“下里巴人”的形象，甚至是走遍苏城都看不见一家稍具模样的饼式点心店。有人说这种受欢迎而又不受待见的尴尬，皆因饼式点心价格低廉、耐饥果腹，符合苏州人节俭的习性。对此，我颇不以为然，因为不管哪种饼式点心，它们都还具备着比价廉更高的特质——物美。

各式点心中，饼的历史最为悠久，初始定义也最为宽泛。宋人黄朝英在《缃素杂记》中总结道：“凡以面为食具者，皆谓之饼，故火烧而食者，呼为烧饼，水瀹而食者，呼为汤饼，笼蒸而食者，呼为蒸饼。”但是在苏州，最受轻慢的大约就是饼了。汤饼，早已进化成了面条，虽仍为苏州人最喜欢的点心之一，但含义已经完全不同；蒸饼，按照宋人王林《燕翼贻谋录》所说“今俗，屑面发酵，或有馅，或无馅，蒸食之者，都谓之馒头”，似乎也早离经叛道了，至于枣泥麻饼、酒酿饼、月饼、香脆饼这一类，更多意义上属于脱离了餐桌的“干点心”。根据薛宝辰所撰的《素食说略》看，至民国初年尚存的饼大约有十样：“以生面或发面团作饼烙

油饼摊，摄于二十世纪三十年代

之，曰烙饼，曰烧饼，曰火饼。视锅大小为之，曰锅规。以生面擀薄涂油，折叠环转为之，曰油旋。《随园》所谓蓑衣饼也。以酥面实馅作饼，曰馅儿火烧。以生面实馅作饼，曰馅儿饼。酥面不实馅，曰酥饼。酥面不加皮面，曰自来酥。以面糊入锅摇之便薄，曰煎饼。以小勺挹之，注入锅一勺一饼，曰淋饼。和以花片及菜，曰托面。置有馅生饼于锅，灌以水烙之，京师曰锅贴，陕西名曰水津包子。作极薄饼先烙而后蒸之，曰春饼。以发面作饼炸之，曰油饼。”时至今日，在苏州还能见到的，似乎只剩大饼、蟹壳黄、羌饼和面衣饼这几样了。若论名气，“马医科烧饼”当属最大了。按照《吴门表隐附集》中所说的，距今起码也有一百五六十年历史了。如今马医科也有一家烧饼店，口碑相当不错，只是不知他两家是否存有什么渊源。

大饼即烧饼，苏州人有句老话“公子落难，大饼当饭”，大饼的性

右图：大饼摊
左图：苏州市金阊区饼馒合作商店的职工制作大饼

价比之高，由此可见一斑。改革开放前，大饼的式样多有四种：圆大饼，最普通，馅心有点葱，所以也最便宜，三分钱一块；椭圆的，则是甜大饼，咬开一包糖汁，喜欢的人也不少，也是三分钱；长方形的大饼卖得最贵，油酥面包葱猪油馅心，以前卖五分，现在贵了点，大约要一块多了；另外还有一种狭长的，长得有几分像官员上朝手捧着的“笏板”的“芝麻长大饼”，现在基本上不见了，这大饼长有尺许，宽却仅寸把，油酥面，没馅，略微有点甜，口感又酥又脆，有点类似于南通亭林脆饼，但吃起来决不会掉渣，价钱算是中等，四分钱一块。

说到大饼，油条就不能不说。在所有的点心中，没有比它俩更搭配的了。油条，也称“油炸桧”，据顾震涛《吴门表隐附集》所言：“油炸桧，元郡人顾福七创始。”“油炸桧”应该起于苏州。但时至今日，习惯将油条称为“油炸桧”的苏州人，似乎也不太多了，反不如杭州、无锡习惯称此为“油

鲜奶直供

「蟹壳黄」又称火炉饼，色如蟹黄，故而得名

炸桧”的人多了。许多人都觉得，吃一口大饼，再吃一口油条，那滋味总不如“大饼夹油条”来得有滋有味。但张爱玲却另有别解，她在《谈吃与画饼充饥》中说道：“烧饼是唐朝自西域传入，但是南宋才有油条，因为当时对奸相秦桧的民愤，叫‘油炸桧’，至少江南还有这名称。我进的学校，宿舍里走私贩卖点心与花生米的老女佣叫油条‘油炸桧’，我还以为是‘油炸鬼’——吴语‘桧’读作‘鬼’。大饼、油条同吃，由于甜咸与质地厚韧脆薄的对照，与光吃烧饼味道大不相同，这是中国人自己发明的。有人把油条塞在烧饼里吃，但是油条压扁了就又稍差，因为它里面的空气也是不可少的成分之一。”除了“大饼夹油条”之外，还有许多人喜欢在“大饼夹油条”的基础上，再夹一块葱猪油糕，吃起来尤觉香脆软糯，甜咸适口，别具风味，确实是个很不错的选择。

大饼一般都在上午供应，下午饼店多以供应蟹壳黄为主。这是大饼的精华版，饼身只及大饼的三分之一左右，但在用料上却要讲究得多，加工工艺也更精细。蟹壳黄又称火炉饼，色如蟹黄，故而得名。蟹壳黄馅心有咸有甜，咸味的有鲜肉、蟹粉、虾仁等，甜的有白糖、玫瑰、豆沙、枣泥等品种，味道独特。最受人欢迎的则是葱猪油馅。制作时先用精白面粉加适度的水揉和发酵，揉面要下力又细致，发酵加碱均要适中，酥油入面揉匀有讲究，要用熬炼七八成熟的菜籽油炒油酥面，同三分之二的水面合擀成多层次的面卷，再包上馅制成饼坯，刷上饴稀水，均匀撒满白芝麻，接着就能贴入饼炉烘制了。蟹壳黄的好与坏，最要紧之处是油要重。和面时要放菜籽油，出来的饼皮才够松脆。馅心中要放板油丁，甜的用白糖加猪油，咸的则用香葱加猪油。馅心好与坏，板油丁的大小是关

键，既不能大，又不能小。大了，饼中的猪油来不及化，咬着了油膘，让人觉得腻；太小了，一热即化，全渗入饼皮中，吃口就略显干麸麸。多少才是正合适，全看师傅的经验了。

苏州的大饼店，下午一般都还有“羌饼”供应，乍一听，就能让人联想起西域风情。有说这本是回民食品，也有说它是军粮，但也有一说，则认为此饼应称为“伧饼”。白崇懋先生曾在他的《草炉饼·伧饼》一文中作过考据：“有人著文，认为‘羌’字不对，因为饼与羌人无关，据余嘉锡《释楚伧》，‘羌饼’应为‘伧饼’；余先生依据慧琳《一切经音义》中引《晋阳秋》：‘吴人谓中国人为伧人，又总谓江淮间杂楚为伧。’这‘中国人’实即中原人，对吴人来说就是北方人。做饼还是北方人在行，这饼自然与北方人的称呼有关，六朝时吴人既称北方人为伧人，他们所做的饼也自然是伧饼了。‘伧’今音为cāng，但古音为qiāng。”严格地说，所谓“伧人”应是如今苏北、淮南以及鲁东南这一片区域，属于“三楚”之外的“杂楚”地带，因而“伧”也就带有明显的贬义。

说不上从什么时候开始，羌饼逐渐开始淡出市场，二十多年前，上海、苏州一带还能算流行。可到了今日，羌饼在苏州也基本算是绝迹了，我所知道的仍在卖它的，只剩下王天井巷靠近马医科小菜场的那一家了。其实羌饼也蛮好吃的，虽说没有馅，但因为它的发面比大饼重，而且又是水煎的，吃起来又松又香，口感真的不错。羌饼才是当之无愧的大饼，一个饼和一锅生煎馒头一般大。卖起来，切成一角一角称斤两，好像一斤才卖四毛钱。还有一种称之为“老虎脚爪”的点心现在很少见了，顾

「老虎脚爪」，顾名思义，它的得名应该是因为形似「虎爪」，这款美食现在很少见了

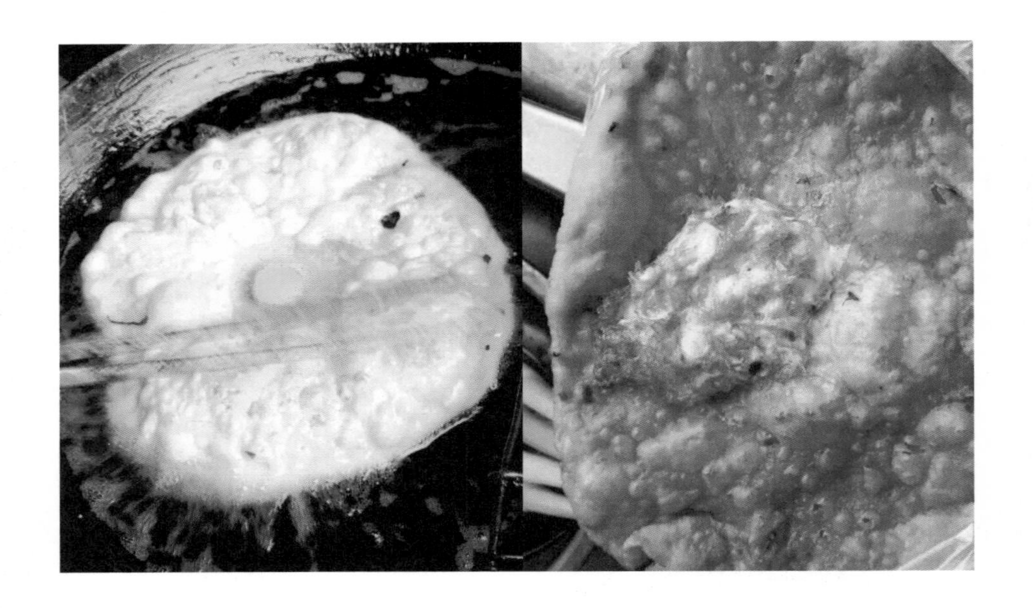

名思义，它的得名应该是因为形似虎爪。“老虎脚爪”做起来不容易，先将和好的面团，揉成一拳大，轻轻压一下，然后等分切三刀，稍稍掰开，刷上饴糖水，等到大饼、油条落市后，封炉前贴在炉膛里后再封上炉口，利用早市、夜市之间的空隙，用余火余温煨烤五六个小时后才成。取出后的“老虎脚爪”一只只油光焦黄，看着还真有几分像是老虎的脚爪。每年春游时分，这种点心向来是我行囊中的必备之物。不久前我在平江路上见到过，但稍有遗憾的是他家卖的像是烤箱里出来的，吃起来虽说也脆也香，但总感到有点像是向西点在靠近了。

居家最常做的是面衣饼，也有人把它说成是面饴饼，取意为此饼“甘之如饴”，我觉得此称不是最合适，如若是加糖做成甜味，称“饴”似乎没面衣饼的制作最省事，几乎人人都能做。面粉中放些糖或盐，加水调成糊状就成胚料，起个油锅，用勺捞一坨面糊进去凝积成片，饼色泛黄就算大功告成了

问题，但要是做成了咸味，加入了韭菜等辛物，此“饴”又从何说起呢？

面衣饼的制作最省事，几乎人人都能做。面粉中放些糖或盐，加水调成糊状就成胚料，水多水少也不讲究，若是喜欢吃咸的，在面糊里调入一些韭菜段，味道也更加好。起个油锅，用勺捞一坨面糊进去，再用铲刀摊成薄饼样，等到面糊凝积成片，翻个身略煎一会儿，饼色泛黄就算大功告成了。在袁枚的《随园食单》中，只说它是“此杭州法也”。后读夏曾传的《随园食单补证》，才见识到了苏州面衣饼制法：“苏俗面衣，以葱油揉面成饼，而后入熯盘熯之，与杭之软锅饼绝不相类。”这段记述，让人不由联想起另一款名为“油余面衣”的美味饼食。

三四十年前，油余面衣可谓是比比皆是，家家饼店都有卖。饼身是圆的，直径大约六寸光景，周边厚一些，越往里面越是薄，最薄处一经油余后，大小不等的圆洞都会露出来。厚处很好吃，松松软软，也有嚼劲，薄处味更美，既香又脆，绝对比印度薄饼要好吃得多。普通的，三分一只，加卧只鸡蛋一起煎，也不过就是八分钱，奢侈一些，正反两面都卧的蛋，也不会超出太多的预算。如果现在估价的话，合理区间应该在二至三元。记得那时下课后，许多同学都喜欢拿它来当小点心。只是不知为什么，现在的店家好像都不太愿意卖这好吃又好看，而且价钱还不贵的油余面衣了。

馒头：苏州只有馒头没有包子

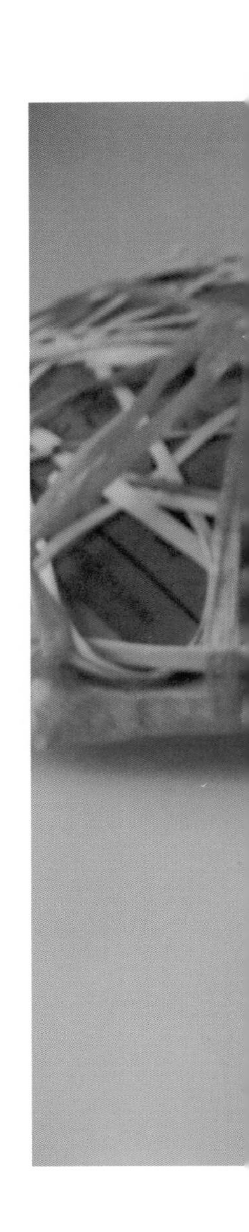

经常会有许多外地人觉得苏州人连馒头和包子都不分，因而得出了苏州人不喜欢吃馒头的结论。其实不然，馒头在苏州人生活中不仅是一款美味点心，而且还有着更重要的意义。就拿享誉一时的观振兴的紧酵馒头来说吧，苏州人不但喜欢它肉细如泥、皮薄如纸，蒸熟后入油锅再煎，风味别具的特质，而且还给它赋予了吉祥如意的寓意。旧时吴中凡探亲归来，有必送"待慢盘"的习俗，盘有四色、二色之分，但紧酵馒头必居其一，想必是取馒头的"兴隆"之意吧。时至今日，这个习俗仍为许多老苏州人所推崇。

苏州的点心，馒头的名气确实相对要次一些。虽说在清人所著的《调鼎集》中早就有了"常熟馒头"的记载，如今的苏州也有如观振兴的紧酵，绿杨的蟹粉小笼，朱鸿兴的汤包和净素菜馒头这些味道相当不错的馒头，但比起同处江南的无锡王兴记小笼、南翔日华轩这些有着一百好几十岁年纪的馒头而言，无论是名声还是历史，都还是略存差异。就我所知，真正够得上百年老店的馒头店，大约也就是位于太仓城内陆家桥弄口的沈永兴点心店了。沈永兴初创于咸丰

紧酵馒头蒸熟后再煎，风味别具，人们还赋予它吉祥如意的寓意

在苏州人眼里，似乎从来就没有馒头和包子之分

初，民国二十七年（1938），店主钱宝宝改进技艺，遂得知名。其所制的荠菜肉馅馒头，皮薄不泄，馅鲜多汁，风味独具，颇具远名。甜馒头则以猪油豆沙馒头见长，馅心取板油、豆沙、白糖制成，入口肥、甜、鲜、滑、糯，很为时人所欢迎。二十世纪八十年代，沈永兴的馒头还常在一年一度的苏州市食品展览会上频频亮相，只是不知何故，近年来很少再听人说起了。

另外，在苏州所有的点心中，馒头的称谓也和别处大不一样。根据《清稗类钞》中所记，馒头和包子的区别应在于："馒头，一曰馒首，屑面发酵，蒸熟隆起成圆形者。无馅，食时必以肴佐之。"而包子则为："南方之所谓馒头者，亦屑面发酵蒸熟，隆起成圆形，然实为包子。包子者，宋已有之。"但在苏州人眼里，似乎从来就没有馒头和包子之分。有馅的，随馅称，肉馒头、菜馒头、雪菜肉丝馒头、萝卜丝酿馒头、豆沙馒头、蟹粉馒头、虾肉馒头等皆是。没馅的则称之为实心馒头、刀切馒头，或者干脆就叫白馒头。稍有例外，就数汤包和花卷这两样了。至于现在馒头店卖出的“××包子”、“××大包”这些都是异化后出来的新叫法。苏州人约定俗成的馒头大小，就是以前的中包那个头。比它大，加注大；反之则冠以小。大肉馒头、小笼馒头即是如此。据民国二十三年（1934）成稿的《苏州小食志》所述：“至于小笼馒头，向无此等名目，流行不过十年。由于松酵大馒头之粗劣无味，于是缩小之，馅以猪肉为主，有加以蟹粉者，有佐以虾仁者，甜者有玫瑰、豆沙、薄荷等，俱和以荤油，无论甜咸皆以皮薄汤多为要诀。其蒸时不以大笼统蒸，而以小笼分蒸，每十枚为一笼，小笼之名职是故耳。”看来，这大和小的异化，距今似乎也不久，与小笼馒头个头相仿的还有生煎馒头、紧酵馒头，再小的则是汤包了。

不知是否是《饕餮家言》成书较早（民国十二年，1923）的缘故，朱枫隐所言“苏州面馆中，多专卖面，其偶有卖馒首、馄饨者，已属例外，不似上海等处之点心店，面粉各点无一不卖也”的情景和我的记忆有些差别。在我印象中，除了绿杨馄饨店的蟹肉小笼外，家中常吃的馒头几乎都是来自于面馆，如观振兴的油余紧酵馒头，近水台的绉纱汤包、小烧卖，朱鸿兴的虾肉汤包、净素菜馒头以及玫瑰、薄荷、细沙、麻酥、荠菜等馅制成的五色小笼等皆是为人所喜的馒头。对于为何一定要上面馆买馒头，家中的老人也有说辞，这和面馆中的一块焖肉有着很大的关联。苏州的面馆中，焖肉都是最根本的。一块好的焖肉，尤其是一块刀面漂亮的焖肉，不但费时费力，而且所去边料也不少。聪明的老板当然不会把成本转嫁给消费者，那就用来做成点心馅吧，此说在《苏州小食志》中也有记述：“面馆之肉，用于大面者最为整齐，其余零碎之肉，略佳者用于汤包、烧卖，次者用于汤面饺、松酵馒头，其用于馄饨者，为最不堪之肉。”不明就里的人也许会把这看作是废物利用，但真正的老吃客就明白，这恰恰才是物尽其用的高招。享有“天下第一吃”誉称的台湾作家唐鲁孙先生，在论述扬州狮子头选料时曾指出“猪肉一定要选肋条，前后腿肉都不能用”，而大名鼎鼎的吃客梁实秋先生也说过：斩肉要选“七分瘦三分肥，不可有些许筋络纠结于其间”，苏州百姓中也有“好肉出在骨头上”的俗谚。由此可见，烧焖肉剩下的硬肋五花肉边料，具备了一切做馅的要素。有心人多能事半功倍，面馆中肉馅点心的味道往往不同于寻常，道理也正在这里。

汤包也是苏州人非常喜欢的一款名点，早在乾隆、嘉庆时即流行，春秋冬一年三季应市。汤包虽非苏州一地仅有，但苏州的汤包以皮薄如纱、小巧玲珑、汁多味鲜著名，故称为绉纱汤包。汤包宜热吃，前人对汤包制法，归结为这样几句：“春秋冬日，肉汤易凝，以凝者灌于罗磨细面之内，以为包子，蒸熟时汤融不泄。”食用时因汤包中卤汁甚烫，不可因其小而一口吞之，故前人告诫：“到口难吞味易尝，团团一个最危藏。外

强不必中干鄙，执热须防手探汤。”食时配以蛋皮丝汤一碗佐食，味道更佳。包外有汤，包内有汤，当之无愧于真汤包。

每年的五至八月，苏城适逢盛夏，因肉汁不易凝结成冻，故而苏城点心店多以烧卖替代汤包应市，俗语所云“立夏开花，中秋结子”说的就是汤包和烧卖的时令交接。虽说名称有所不同，但两者却有异曲同工之妙。苏州的烧卖不同于扬州烧卖，很少有青菜猪油馅的翡翠烧卖以及茶米（即糯米、粳米）烧卖等品种。苏式烧卖的馅心基本上还是遵循了汤包的风格，馅料多数为鲜肉、虾肉、三鲜等，咸鲜微甜，以卤取胜。其中尤以三鲜烧卖最为著名。三鲜烧卖的馅料由虾肉、蟹粉和猪肉末所混成，其中最为出彩的当然就是蟹粉了。此时所用的蟹粉取自于“六月黄”。所谓的“六月黄”其实就是刚刚蜕去第三层皮，正要步入成熟期的大闸蟹，因而也被人称作“童子蟹”。“六月黄”虽说体量不如大闸蟹，但蟹黄饱满，蟹肉鲜嫩，其鲜美度与深秋时上市的大闸蟹各有千秋，只是体量比较小，一般都在二两左右。制作三鲜馅料时，先将蟹粉、虾肉、斩肉放在料钵里，加上调料后，一边加入鸡汁一边使劲搅拌，直到馅料搅成稠糊状，然后放在一些事先擀好的皮子上。烧卖的形状很讲究，行话中称之为“束腰箍”，即顶端要成荷叶边状，周围有褶裥，中间束腰，馅心外露，底部圆整。上笼蒸熟后，配上一碟姜末老陈醋蘸着吃，添香增味还祛寒。

和汤包、小笼馒头有着异曲同工之妙的就是生煎馒头了。只是后者比前者更具草根性，看上去基本上和大饼油条摊在一个档次上。摊头前一张案板，揉粉、擀皮、包馅都在这上面，边上立着的煎馒头的炉子，也和烘大饼的炉子差不多，只是上面多出了一口平底锅，稍有不同的是，当灶师傅的操作更加具有表演性。先在煎锅中抹上油，顺着圆势将一只只雪白的馒头坯子安放好，加入清水，盖好锅盖上炉煎，等到锅中的清水基本都汽化，这时候最精彩的一幕就将出现了，只见师傅一手掀起锅盖，倒入一些菜油后，顺势撒上一把香葱末，接着再倒入半碗水，只听得“嗞喇”一声响，无数颗细小的油珠立刻布满了馒头的表面，一股浓浓的葱油香随即腾空而起，直引得排队等出锅的客人口水咽不息。师傅随即盖上锅盖，一手垫着抹布不停地转动着煎锅沿，三两分钟后，一锅热气腾腾、香味扑鼻的生煎馒头就能出锅了。

爱吃生煎馒头的人都知道：生煎好不好，除了皮带韧劲馅带卤之外，还得要具备色泽嫩黄、底板松脆的特点。生煎的色泽来自于油，只有用菜油煎出的馒头才能生出这嫩黄色，若是用豆油、调和色拉油来煎，不但出不了色泽，而且吃口也要逊色得多。生煎的包法和别的馒头有区别，生煎馒头的收口在底板，普通馒头的收口在顶端。所以吃馒头时要横着咬，连皮带馅一起吃；而吃生煎时，则要从上吃到下，咬开口后，先吮汁，而后是皮和肉，最后吃的底板脆而不硬，这才是生煎师傅的真本事。

馒头虽风味不同，但在苏州人眼里，标准只有一个——“一咬一包卤”，尤其是以肉为主料的馒头，这点尤为重要。所谓“卤”，实质就是“皮冻”。卤汁多寡好坏，完全取决于皮冻的品质，至于蟹粉、虾肉之类的充其量也只能算是锦上添花之物。皮冻的原料是新鲜的猪肉皮，去毛、洗净、煮烂后取出用刀剁成泥，再用小火熬制成稠糊状，常温下呈固态，遇热后则化。馅中添入了适量皮冻，黏稠度大为提高，使得馒头包捏起来容易得多。上笼蒸制时，随着笼内温度不断地上升，馅心中固态状的皮冻就全成了卤足味鲜的馒头汁。可见得，馒头有没有风味，一多半在熬皮冻的师傅的手艺。拆烂糊的熬皮冻用清水，讲究一些的用骨头汤。我家大姨是中馈高手，熬制的皮冻堪称“豪华

做生煎馒头最精彩的一幕即是师傅顺势撒上一把香葱末的瞬间

版”，骨头汤里还加火腿、干贝、老母鸡，拌出来的馅心当然和外面卖的大不一样了。事过多年，一想起当年那滋味，依旧觉得点点滴滴在舌尖。

现在家居，很少有人自做馒头，可能和苏州人不善发面有关。馒头的发面有紧酵、半紧酵和松酵，发面时控制酵母的投放从而获得不同的风味，这也能算是苏州人食不厌精的一个例证。所谓紧酵，酵母投放最少，大致只有松酵的三分之一，蒸后并不膨胀成松软，反呈扁瘪状，但油氽后，馒皮膨胀饱满。一口咬下，外脆内松，卤涌而出，又烫又鲜，欲罢

各种馅心的包子

不能，口舌享受无与伦比。由于酵紧皮实，汁水不易为皮子所吸收，所以即便储存数日，馅汁依然如故，风味丝毫不减，这也是紧酵馒头宜作礼物的主要原因。小笼馒头、生煎馒头、汤包这一类，趁热吃，味道最为鲜美，故而皮子不能太紧，太紧了就成了苏州人所说的“死扣扣”，一点意趣也没有了。所以用酵要稍多一些，即半紧酵，虽数日后馅汁还有，但总要差了许多。普通的馒头，皮子相对厚得多，馅心也没有前两种那么讲究，因此面皮的松软便成了十分关键。过去我家的保姆做出来的馒头，远比外面的馒头要松软，记得她老人家发面用的是馊了的隔夜饭，这和古方中所说的“用酒酿当酵母发面尤松尤软”也算得上是异曲同工吧。

馄饨：裹起的是浓浓亲情

“今朝裹馄饨吃咯！”这是许多苏州人童年记忆中的一个亮点。一早起来，家中大小，摘菜的摘菜，剁馅的剁馅，然后一家人围坐在桌边，小孩负责将一张张馄饨皮摊开，男人则用筷子将馅心分摊在皮子上，而裹馄饨似乎常常是心灵手巧的女人的专利，等到馄饨包得差不多有一半时，一边煤炉上的水也烧开了。于是，一边下着馄饨，一边继续裹着馄饨，一边吃着馄饨，一边等待着下一锅的浮出。在许多苏州人的记忆中，馄饨所留给人们的美好，似乎不仅仅只有它的美味，同时还有它所裹起的浓浓亲情。

馄饨记忆

馄饨，苏州人喜欢，于面食而言，其地位应该仅次于面条。馄饨之意，多有说辞。就我而言，还是比较喜欢这样的解读：“浑沌乃浑之一气，阴阳不分之象亦作‘混沌’。按：《庄子》‘中央之帝为浑沌’，释者诸家中，以简文（帝）的‘浑沌以合和为貌’之说，最能切合馄饨之义。良以这种食物的特色，就是把若干种作料混集在一个小天地中，使之合和，故称之为‘浑沌’。食旁是指明为食物。”（朱伟《考吃》）

在苏州，也有关于馄饨源自于西施的传说，但所传也并不很广。无论在老苏州人的口谈中，还是在作家的笔触下，始终令人觉得津津乐道的还是那副穿行于街口弄堂中的“馄饨担头”。在陆文夫的《小贩世家》中，一副馄饨担串联起了整部小说。在沈三白《浮生六记》中，有一段芸娘雇用馄饨担的描写，很是有趣：“苏城有南园北园二处，菜花黄时，苦无酒家小饮，携盒而往，对花冷饮，殊无意味。或议就近觅饮者，或议看花归饮者，终不如对花热饮为快。众议未定，芸笑曰：‘明日但各出杖头钱，我自担炉火来。’众笑曰：‘诺。’众去，余问曰：‘卿果自往呼？’芸曰：‘非也，妾见市中卖馄饨者，其担锅灶无不备，盍雇之而往。妾先烹调端整，到彼处再一下锅，茶酒两便。’余曰：‘酒菜固便矣，茶乏烹具。’芸曰：‘携一砂罐去，以铁叉串罐柄，去其锅，悬于行灶中，加柴火煎茶，不亦便乎？’余鼓掌称善。街头有鲍姓者，卖馄饨为业，以百钱雇其担，约以明日午后，鲍欣然允议。”另在台湾作家禄耀东所写《银丝细面拌蹄髈》中，也见有苏州馄饨担的描写，只是文中不仅把芸娘雇来的馄饨担指作为了“骆驼担”，而且还道明了“张锦记店主最初挑的馄饨担子，苏州俗称骆驼担子”。这和我的记忆似乎有些出入。

印象中以馄饨担竹制的多，除了卖馄饨之外，沿街叫卖的豆腐花、线粉汤等点心的挑担也都和馄饨担很相似；而骆驼担则都以竹木制成的多，所售的品种大多是糖粥、小圆子等甜品，不仅体量要比馄饨大，做工也来得更为精致。常见的馄饨担，前担上有一块晾盘，中间圆洞处坐锅，下面是小炉子。盘四周可放碗、酱油壶等。后面方柜上层放肉馅，中间有

这种小吃担与骆驼担有着异曲同工之妙

抽屉，可放皮子、汤匙和各种作料，下层放一桶水，随时加汤，可边包、边煮、边卖。这和王稼句先生在《姑苏食话》中的描述十分接近："一端是滚滚沸腾的锅子，还有一格格放着酱油、盐、醋、辣酱、葱末、大蒜、生姜、味精的小格子；另一端是一层层的竹抽屉，放着生皮子、包好的生馄饨、拌好的鲜肉馅，竹抽屉上面还有一口小竹橱，放着碗和调羹，也敲竹梆或木梆叫卖'笃，笃，笃'，苏州人称为'热烙烙'的。馄饨担上大小馄饨都有，小馄饨皮子薄，汤水鲜，虽只有星点的肉，却特别讨人喜欢，价格也最便宜。"小馄饨在陆文夫吃的时候是五分钱一碗，轮到我吃的时候是七分了。

馄饨担虽是其貌不扬，但细细一想，一副小小的馄饨担，在老苏州人心目中的地位还真不能小觑。莲影《苏州小食志》有记："皮市街金狮子桥张锦记面馆，亦有百余年之历史者也。初，店主人仅挑一馄饨担，以调和五味咸淡适宜，驰名遐迩。营业日形发达，遂舍却挑担生涯，而开张面馆焉。"由此可见，一副小小的馄饨担不仅只是穷苦市民的谋生手段，在很大程度上还是他们走向成功的第一步。当然，这一切除了耐受得住风吹雨淋之外，更重要的还要有不同于一般的好滋味，这大概也是许多苏州人一说起昔日的馄饨担，便不由自主流露出怀旧深情的一个最重要原因。在《苏州小食志》中有评价："盖有担上之馄饨在，因挑担者只售馄饨一味，欲与面馆、件头店争衡，非特加改良不可，故其质料非常考究。"在《吴中食谱》中也有赞词："馄饨、水饺皆以荷担者为佳，旧时小仓别墅以虾子酱油作汤，肉斩极细，称独步，自谢客后颇有难乎其选之慨。"

清人《调鼎集》有"苏州馄饨，用圆面皮，淮饺用方面皮"一说，这看起来和现在的馄饨、饺子皮正好全相反。试着做过几次，觉得童岳说的"苏州馄饨"应该是指小馄饨，比之方形的皮子，圆形皮子裹出来的小馄饨确实更显玲珑小巧，而且裹的时候也显容易。小馄饨要好吃，贵在皮子要薄，故而又有雅称——"绉纱馄饨"。宣统年间，曾有人戏之："大梆馄饨卜卜敲，马头担子肩上挑。一文一只价不贵，肉馅新鲜滋味高。馄饨皮子最要薄，赢得绉纱馄饨名蹊跷。若使绉纱真好裹馄饨，缎子宁绸好做团子糕。"(《营业写真·卖馄饨》)

那些小讲究

小馄饨的裹，有讲究，非是一般人所能。裹上了肉馅后，里面要尽量留出空，入锅后受热，一只只都要鼓起漂浮在锅中，故而又有人将其称之为"打气馄饨"。当然，在苏州，馄饨的汤水一定要好。不管是肉骨头还是鸡壳子，吊出的汤都是清清爽爽不能有一点肉渣骨屑粒的，撒上虾皮、蛋皮丝和葱花，一口下去，馄饨跟着汤水一起滑进喉咙口，十个人中起码有八九个都会掉眉毛。相比而言，小馄饨的馅心显得要寒酸得多了，即便是关照店主多放些，也只能是绿豆大的升格为赤豆大的。这也就怪不得有人会称它是"掐肉馄饨"了。不过小馄饨的妙处也就在于此，等到一碗馄饨端上来，看着白瓷的尖底浅碗里，清澈的汤里漂浮着十廿只薄如蝉翼的皮子，皮中星星点点那些个肉色映衬在葱绿蛋黄白虾的翠色里，谁还有心思去顾及肉多肉少啊。

苏州馄饨向有大小之分，通常来说，大馄饨食用更为普及。与苏州颇有渊源的元代画家倪瓒在他的《云林堂饮食制度集》中是这样"煮馄

營業寫真（俗名三百六十行）（六十七）

賣餛飩（頑）

大梆餛飩ドト敲。馬頭
担子肩上挑。一文一隻
價不貴。肉餡新鮮滋味
高。餛飩皮子最要薄。贏
得縐紗餛飩名。蹊蹺若
使縐紗真好。裏餛飩緞
子寫細好做。糰子糕。

苏州人居家裹的馄饨以菜肉馄饨为最常见。如果家中正好没有鲜汤改吃煎馄饨也是一个不错的办法

饨”的：细切肉臊子，入笋米，或茭白、韭菜、藤花皆可。以川椒、杏仁酱少许和匀，裹之。皮子略厚，小，切方，再以真粉末擀薄用。下汤煮时，用极沸汤打转下之，不要盖，待浮便起，不可再搅。”由此看来，苏州人吃的馄饨似乎几百年来都没变过。苏州人习惯把包馄饨说成“裹馄饨”是古风，苏州人喜欢把肉糜和其他食材混搅在一起做馅心，似乎元代也这样，至于馄饨皮以及下馄饨的法子，那就更分不出有什么古和今了。

苏州人居家裹的馄饨以菜肉馄饨为最常见，开春多用清明菜，初夏时分，荠菜居多，秋冬则以白菜为多，间或也有用韭菜、芹菜等时蔬。在菜和肉外，再按各家所好，配上诸如榨菜、香干、香菇、木耳、金针菜之类的辅料，然后加入酱油、白糖、盐、味精、菜油和麻油拌匀调稠状，力求馅料显出鲜、润、嫩、爽的效果。粗一看，似乎和别处的馅料也没有多大区别，但细细看，还是很具地方特色。比如北京人包馄饨，将榨菜、菜油和香油入馅视为大忌，但在苏州这几样却是必不可少之物。

菜肉馄饨中当数荠菜馅的馄饨最受苏州人喜爱，旧有民谣唱道：“阿大阿二挑野菜，阿三阿四裹馄饨，阿五阿六吃得饱腾腾，阿七阿八舔缸盆，阿九阿十呒没吃，打碎格只老缸盆。”虽说唱得有些清苦，但却也不乏其乐融融在内。当然苏州馄饨十分讲究，比如在肉馅中加入开阳、火腿、干贝制成的三鲜馄饨，每只馄饨中放入两三条白虾肉而成的虾肉馄饨，在馅料中加入烤鸭皮的鸭香馄饨和鸡肉茸裹成的鸡肉馄饨等等特色馄饨。清人夏曾传在他的《随园食单补证》中，特意对苏州馄饨汤水作出了补注：“今苏俗卖馄饨家，动称白汤馄饨，殆有古之遗意。”确实，在苏州的点

心店里，面有红汤、白汤之分，但馄饨汤却是清一色的白汤。普通的，肉骨头汤；讲究的，则多以鸡汤为主。冠有“中华老字号”头衔的苏州绿杨馄饨店，赖以成名的就是一碗“鸡汤馄饨”。

如果家中正好没有鲜汤，与其冲碗酱油汤打发，改吃煎馄饨也是一个不错的办法。梁实秋先生有篇《煎馄饨》，写得十分生动。不过梁先生写的是北京煎法：“入油锅慢火生炸，炸黄之后再上小型蒸屉猛蒸片刻，立即带屉上桌。馄饨皮软而微韧，有异趣。”有趣的是，梁先生给出先煎后蒸的“北京煎”，正好和苏州人的煎馄饨法颠倒了个儿。苏州习惯将沸水煮熟的馄饨冷却后，再置锅于火上，中火煎至馄饨皮金黄略带脆，吃时佐以太仓糟油为蘸料。据《清宫御膳》所记，乾隆四十三年（1778），弘历再次出巡盛京，传苏州厨师张东官随营做厨。张东官在七月二十二日做了一品“猪肉馅煎馄饨”，皇帝吃了很满意，当天还赏了张东官二两银子以资鼓励，只是不知张东官进献的是不是就是古谱中所载的“糟油煎馄饨”。

于我个人而言，比较喜欢仿效锅贴的做法，用水油小火直接生煎，吃的时候佐以些黄牌辣酱油。夸句海口，但凡吃过我的“生煎馄饨”的朋友，至今还未见有人给出过差评。

小吃，小吃，吃的就是美味之后的风土乡情。

苏州怠慢饺子，第一个理由是绝大多数人不擅长包饺子，尤其是不会擀皮子

饺子：苏州早有别样的演绎

虽然饺子的身世远比馄饨要来得更久远，但在苏州，水饺显然不如馄饨那么有人缘。随便做一个小统计，十个老苏州中，会裹馄饨的有几位，会包饺子的又有几位，答案也就不言而喻了。苏州人怠慢饺子，当然要有理由。第一个理由是绝大多数人不擅长包饺子，尤其是不会擀皮子。大约二三十年前，景德路察院场口有一家北方水饺店，是苏城为数不多的卖水饺的点心店。记得那时常常会一丢下书包就去店堂里看人包饺子，至今印象仍很深。一张案板类似现在的会议桌，后面的高凳上坐着

于苏州人而言，要是觉得汤水不合口，饺子还不如蒸或煎着吃

几位包饺子的师傅，案板中间一大坨和好的面，师傅们各自从上捋下一团面，搓成长条后，摘成一个个“茧子”，排好队，拍上粉待用。案板上撒上粉，放上一个“茧子”，揉按成饼状，右手轻推擀面杖，左手顺势旋动饺子皮，没几下，一张中间厚、四周薄的饺子皮就成了，包上馅，双手对捏，虎口一挤，一只站得住，带有五褶花边的饺子就好了，看着就让人觉得嘴馋。后又听人说：“皮子好，不一定饺子好吃；但皮子不好，饺子一定不能好。”也就明白饺子还真是好吃不好做。若是由我来擀皮子，包出的饺子初时虽也有几分姿色，一下锅，粘成一团不说还露馅。第二个理由应该是吃水饺“原汤化原食”的理念，在苏州从来就没深入过人心。下饺子的水也能当汤喝，这对孜孜不倦追求头汤面的苏州人来说，简直就是匪夷所思的一件事。何况饺子皮又厚，即便捞放在鲜汤里，一时半会难入味，口感也就无从说起了。还是那句话，要是觉得汤水不合口，还不如干脆蒸或煎着吃。

汤面饺，就是一款蒸来吃的饺。民国初年刊印的《清稗类钞》中有证：“蒸食者曰汤面饺，其以水煮之而有汤者曰水饺。”苏州汤面饺的成名历史，至少可前溯至百年之上，早在清人所作的《杭俗怡情碎锦》中就有记载：“近时苏人在市口开设馄饨、肉馒首、烫面饺、烧买。”可见得，在那时，汤面饺不仅深为苏州人所喜好，而且也已经成了一道享誉江南的美食小吃。在成稿于民国十五年（1926）的《吴中食谱》中也有记载：“苏城点心随时会不同，汤包与京酵为冬令食品，春日为汤面饺，夏日为烧卖。岁时景物自然更迭，亦不知其所以然也。”这也说明，精于“不时不食”之道的苏州人，同样也在汤面饺上打上了时令小吃的钤印。

曾注意到一个细节，在《吴中食谱》、《清稗类钞》等文献中，蒸饺是以“汤面饺”出现的，而在另外一些文献，如《杭俗怡情碎锦》以及近人所撰的《苏州烹饪古今谈》中却又被称作为“烫面饺”。在《随园食单补证》中，有这么一段表述：“饺之讨好，非惟作馅也。擀皮以烫面为之，

故薄而不破，烫面以热水和面者也。破则卤走味失，虽有佳馅，亦无益矣。俗谓之烫面饺。”这种工艺流程，似乎统一称其为“烫面饺”更为贴切一些。

饺子煎着吃，也是不错的选择。记得以前玄妙观西侧有家点心店，里面的牛肉锅贴相当不错。一份锅贴八只，脆脆的皮子里面，滑溜溜的馅心，蘸点辣酱油，再来一碗牛肉粉丝汤，真的是很享受。只是很惭愧，吃了好多年，一直以为锅贴和煎饺是一回事。后经高人点拨，才知道，它二位其实还是有区别的。首先是烧法不一样，煮熟后凉透再用油煎的叫煎饺，而锅贴则是生的直接用油煎，类似于生煎馒头那样，煎的过程中也喷水，让油雾把皮子浸淫出晶莹色。馅心也不全同，饺子馅心加热后成团，锅贴的则带卤多一些。再有包法也不一样，饺子要裹得紧，锅贴则两头尖处要留小孔，以免进了煎锅后，馅心膨胀跑卤汁。高人就是高人，这样的学问，真让人不佩服也不行。

打开苏州的点心食单，虽说也有冠名为饺的点心，如雪饺、四喜饺、藕粉饺等等，但严格地说，这些饺子无论是在形式或内容上，都和传统意义上的饺子有了很大的不同。

四喜饺，也称四色蒸饺，在高档的苏式宴席上常能见到。四喜饺的馅心一般有红、黄、绿、黑四种颜色，所用的主料为鲜肉酱，配料常有火腿末、蛋黄糕末、青豆末以及香菇末等。制作时，先用擀面杖擀出大饺子皮，直径约为九厘米。然后左手托起皮子，抹上鲜肉馅心，对边捏紧，转过九十度再把对边捏紧，使之呈现出下有肉馅的洞，接着再在洞口处分别抹上不同颜色的配料，最后用手轻轻推，把四个洞状的饺子修正成一个正方形，旺火沸蒸十分钟，一笼色泽绚丽多彩、体积小巧玲珑、吃口咸中带鲜、皮薄卤足的四喜饺子就能上桌了。

以前苏式宴请中，还有一道很出名的点心藕粉饺，可能是制作实在

锅贴和煎饺二者还是有区别的，烧法不一样，包法也不一样

麻烦，现在很少能见了。制作藕粉饺，先将筲箕置于“绿匹”（外覆绿釉的带盖坍缸）上，将本地特产的新鲜塘藕在筲箕中搓成藕酱，然后加入清水待其在“绿匹”中水解和沉淀。约过三小时，滤去水分，再在筲箕中揉搓成糊状，加入糯粉、面粉和糖粉，拌匀后放在五成热的麻油热锅中，不断用铲刀将其翻炒至略干，起锅倒在案板上揉捏成面团。然后摘下一小坨，揉搓成条，摘成剂子，擀成四边薄、中间厚的藕粉饺皮，放上猪油糖玫瑰馅，捏成月牙形上笼沸水蒸熟就成了。

前几年，在洞庭东山的雕花楼宾馆中，吃到过一款味道很不错的雪

四喜饺

饺。据东道主介绍，雪饺的获名源自于它的“白如雪、形如饺”，前者能理解，后者则让人费解，因为雪饺外形并不如概念中的月牙形那样，而更像是一座等边三角椎体。雪饺的制作似乎不很难，先从和好的面团上取下一小坨，团压成圆形的薄饼，在饼中央加上馅料后，三只手指捏住皮子的三个点，边提边捏就行了，垫上一方箬叶，就能上笼蒸熟了。雪饺的馅料基本上随着主人家的喜好能有许多种组合，常见的有芝麻猪油馅、花生核桃馅、瓜子核桃馅等十多种，那天我吃到的是枣泥、核桃和瓜仁，中间还有一小块透明晶亮的糖猪油。另外，在吴江靠近浙江的几个乡镇中，也曾数次见到过有卖雪饺的，不过它那个雪饺却是和苏州的鲜肉饺一样，归入了茶食这一类，虽说也有形如新月的外表，但内心里包的却是油酥馅，吃口上也更像是中秋节所吃的苏式月饼，故而它也不能算是名副其实的饺。

东山还有一样点心绿豆饺，相传已有百年以上历史，绝迹于东山也已数十年。据《洞庭东山志》所云：“旧时殿前转角上有母女二人，每年自春至秋，专以煎绿豆饺而闻名于东山街上。抗日战起，乃辍其业，续此者竟无人。近年始有人约期临时定做，而仍无专营此业者。”我曾有幸在丰圻的小周家品尝过一次。说来也有趣，这款名为饺的小吃，其实质却是货真价实的饼，而其制作的工艺即工具也颇似苏城街头煎饼摊上的油煎饼。制作的材料是绿豆，将绿豆先碾成粗粒，加水浸泡后脱豆壳，再用石磨将豆碾磨成糊状，入盐，加蛋少许成浆料。然后用小勺分次将绿豆浆舀入平底锅，锅中预将适量食油熬熟，绿豆浆在熟油中煎黄成饼，扁平圆形若碗大，这样的外形也能称作是饺？

类似的饺子还有以前颇有名气的油余饺。

“好吃不过饺子，舒服不过倒着”，到了苏州，似乎一切都变味了。

叁

糕团

——苏州人的精致生活

在苏州的各式点心中，使用米粉制作点心的历史应该远早于使用面粉。长期以来，苏州的糕，一直是以制作精良、口味糯香甜软、花式繁多而扬名于世，就其影响，绝对不在苏帮菜之下，而其品种之多，更是当之无愧的“中华第一”。

糕：糯香甜软中透出的苏州情

江南自古就以盛产稻米著称，在苏州近郊的草鞋山遗址中曾发现过七千多年前的水稻谷种，这说明早在新石器时代，稻黍就已经在苏州人的生活中占据了主导地位。由此可作联想，在苏州的各式点心中，使用米粉制作点心的历史也应该远早于使用面粉。在苏州始终有这样一个界定，小麦面粉制成的点心，称之为“面点”，而利用稻谷米粉制成的点心则称之为“粉点”。如果说苏州的一碗面是面点中的代表作，那么，苏州的糕团无疑就是粉点中的佼佼者了。

在苏州的点心中，渊源最为长久的大约就数糕了。据我所知，在长达两千五百年的口耳相传中，事关吴越春秋的膳食传说只有两个：一个是专诸“炙鱼刺僚”，另一个就是伍子胥“城墙藏糕”了。长期以来，苏州的糕，一直以制作精良、口味糯香甜软、花式繁多而扬名于世，就其影响，绝不在苏帮菜之下，而其品种之多，更是当之无愧的“中华第一”。早在明代王鏊的《姑苏志》中，就有了“雪糕、花糕、生糖糕、糖松糕、焦热糕、甑儿糕、蜂糕、重阳糕”等。时至今日，在此基础上又增添出了不少新的品种，如：葱猪油咸糕、玫瑰白果蜜糕、马蹄糕、蟹虾肉三色方糕等等大类，往下还有赤豆糕、薄荷糕、雪糕、斗糕、花糕、粢饭糕、五色糕、卷心糕（两色、三色）、咸猪油糕、素油咸糕、赤豆甜猪油糕、素

夏

冬

上图：乌米糕 下图：定胜糕

油甜糕、九层糕、夹心糕等不下数十种。

苏州糕式的取胜之道离不开它的色香味形，更值得一提的是，所有的增香添色调味之用料，完全都来自于当地的田野或山林。在不同的季节里，摘取最合适的植物，制作出最合时令的糕团，这也是“不时不食”的美食理念在糕团制作中的一个完美诠释。

通常情况下，糕团中的红色选用红曲米、玫瑰花、赤砂糖、蜜饯这一类；黄色则用桂花、南瓜、蛋黄、黄糖、油氽桃肉、干炒白芝麻以及橘皮等；绿色多是薄荷、菜汁、麦叶汁、青梅、绿瓜以及小葱这一类；黑色一般是黑芝麻和大黑枣，近来也有人开始尝试着使用乌饭叶；褐色主要是豆沙以及可可和咖啡；白色有瓜仁、松子和白糖。总之，呈现在客人面前的五颜六色，无一不是纯天然的。

对于香料的选取，苏州的糕团师傅更是匠心独具。糕团大师冯秉钧师傅曾有总结：“在长期的实践中，植物种的香料远胜于人工香料，但有些植物中的自然香味，尚需经过加工，才能散发出来，如芝麻经过加热炒熟或烘熟后香味更浓，又如胡桃肉经油氽后其香味更烈。其他如冬春的荠菜，深秋结实的枣子，夏令的京东菜等等，其含天然清香味是人工香料所不及的。”苏州糕团中，还有一个很显著的特点是“香不乱投”，一种糕式只投一种香：红色的投放玫瑰酱，

重阳糕

绿色的投放薄荷末，褐色的投放枣泥或豆沙，白色品种用甜桂花，玉白色的则用咸桂花。总之，一糕一味一种香，是苏州糕式制作中的一个基本原则，即便是在五色糕、九层糕等多味多色合一的糕式中，那也是一层一个味，所用香料各不相同。

“味”乃百食之王，离开了味，也就没有美的概念。苏州糕团最大的特点是，很少使用合成调味剂，基本上都通过调制香料和食材的组合来获得“香中有味，味中有香，香中有色”的效果，这也是苏式糕团和苏式菜肴的一个显著特点。苏州糕式的口味有甜也有咸，以甜为主。若以甜度而论，苏州糕式中有重糖和轻糖之分，如桂花重糖年糕、百果蜜糕、猪油年糕等都属于重糖糕式，桂花轻糖年糕、马蹄糕、花糕等则为轻糖的品种。若以风味而言，甜糕中又有肥腴和清口之分，如方糕、赤豆猪油松糕等由于配料中拌入了板油丁，吃口甜中带肥，而黄千糕、黄松糕则注重于轻油，所以吃口犹觉甜而清淡。咸味糕式虽也有椒盐和咸口的区别，但细细品尝，椒盐味中咸甜兼备，鲜香适口，而咸糕中又微带甜味，提味

增鲜，苏式风味尽显其中。

形，即为形态，意指糕式外形的美观。店家所售的糕式中，通常有长、方、圆、长方、菱形这几种，其中除了大方糕、圆松糕、碗枫糕、斗糕、定胜糕等依靠模具成形外，其他就全仰仗制糕师傅娴熟的刀工了。仅以葱猪油糕为例，所用的刀法为“横拉切刀”。师傅右手手执锋利薄刃，垂直往下，从左往右边切边拉，横切成条后再竖切成块，一大块出笼的熟糕，转眼间就成了一方方大小均匀、边沿齐整的成品糕了。师傅动作敏捷，干净利落，看着就觉得是一种享受。

苏式糕团虽是名闻天下已久，然而对于苏州人来说，它还有着更深的意义，可以这么说，在许多苏州人的心目中，糕，不仅仅是舌尖上的美味，而且也是萦绕在心头的乡情所思，更是苏州的一张名片。

沪上作家沈嘉禄在谈及苏州糕点时曾说过：“一百年前，许多苏州人来到上海寻工作，寻老公寻老婆，最后寻到房子住下来，生了小人一个又一个，就算上海人了。但苏州籍的新上海人在趋时务新的大都会还是上图：黄天源已故大师用糕团制作的『枫桥夜泊』
下图：二十三个国家使节、友人在黄天源观赏糕团

顽强地保持了苏州人的口味。……从风味上说，苏州味道保留得更为真切的可能在苏式糕点上。我甚至认为，上海的糕团店，基本靠苏式糕团撑市面。”对此，我深有同感。记得婚后不久，去上海探望太太的父母，我家的叔叔、舅舅们。由于他们都属于这一类的上海人，心中一直惦记着苏州的“黄天源”，害得我俩手提着二十来盒苏州糕团差点在公交车里挤散了架。另一件，距今也快四十年了。一位在北京三〇一医院工作的邻家大姐夫，听说我要去北京，关照无论如何要给他带两盒“黄天源”。由于进京前在济南、天津耽搁了几天，等到“黄天源”进他家门时，盒中的糕团都长满白毛了。面对着我一脸愧疚，这两口子真不含糊，立刻找来了手术刀，没出个把小时，就以外科手术般的精准，把糕上的白毛给剔净了。临了，赶紧点火蒸了几块，还要我也尝一口这“味道一点也没变”的糕团。

可惜，我对糕团向来没那么深的感情，况且对长霉的东西，实在心有余悸。而我天生也没有这口福，除了糯米不宜消化，多吃了顶胃之外，还有就是嫌它麻烦，别的不说，单说回笼再蒸，我几乎就从来没有蒸好过。回蒸时间短了，吃起来不软不糯还掉渣，回蒸时间长了，软塌塌成了一摊，筷子夹不住，调羹舀不上，一看就觉得很“糟糕”。相比之下，回煎比较容易些，将糕切成片，在蛋液里拖一下，然后放在油锅里煎，见软就可出锅。苏俗中“二月二龙抬头”吃的“撑腰糕”，即是煎糕中的代表作。每到这一天，苏州人都会将吃剩年糕切成薄片，油煎了吃。在历代文人的诗中，有着不少关乎撑腰糕的描写。如蔡云《吴歈》咏道：“二月二

据王稼句先生考证，吃撑腰糕的风俗，其他地方都没有，乃苏州所独有的

日春正饶，撑腰相劝啖花糕。支持柴米凭身健，莫惜终年筋骨劳。”许锷《撑腰糕》咏道：“新年已去剩年糕，饱啖依然解老饕。从此撑来腰脚健，名山游遍不辞劳。”徐士铉《吴中竹枝词》咏道：“片切年糕作短条，碧油煎出嫩黄娇。年年撑得风难摆，怪道吴娘少细腰。”又清佚名者《姑苏四季竹枝词》有《撑腰糕》一首，咏道：“中虚近日喜年糕，汤煮油煎撑软腰。愿得萑苻离海上，糖船进口有千腾。”常熟的情形也一样，佚名者《海虞风俗竹枝词》：“糕条忙向笼中蒸，朵朵霉花热气腾。那晓卫生忘命嚼，撑腰弗痛究何曾。”据王稼句先生考证，吃撑腰糕的风俗，其他地方都没有，乃苏州所独有的。据说，这一天吃了撑腰糕，就可以强健筋骨、一年腰不痛。但这样的吃法，大甜，大油，且还是糯米食，这般的好口福，我向来只有羡慕的份。

在苏式糕团中，葱猪油咸糕和我很投缘，这大约是它有着独树一帜的咸味所致。葱猪油咸糕，又名脂油糕，但它又不同于袁枚《随园食单》中的“脂油糕，用纯糯粉拌脂油，加冰糖捶碎，入粉中，蒸好用刀切开”。现售的葱猪油糕在拌粉时即加入盐，揉成糕粉后，上笼先蒸二分之一，然后均匀撒上咸猪油丁，再把剩下的糕粉铺上继续蒸至熟，稍焖片刻后，铺上葱段再略焖一下，待其葱香溢出，出笼切块就可上柜了。此糕色泽莹润如玉，白绿相映，入口葱香满口，香咸肥糯，将它作早点尤实惠，既可独吃，佐以清茶，也能和大饼油条夹了一起吃，非常受人欢迎。还有一种吃法，许多人也喜欢。先将南瓜去皮去囊去籽，清洗干净后切成片。起油锅，放入姜片和南瓜片一起翻炒，稍熟放入盐和糖，然后加水烧煮至酥烂，放入切成丁块状的咸猪油糕，翻炒片刻，撒上香葱就成了。喜欢的人说它是咸甜适中、香糯可口，可在我看来，这样的“南瓜猪油糕”完全有资格备选“难吃排行榜”。说来这也不奇怪，美食的魅力就在于“天下之口并不一定同嗜”。

就我而言，还是偏好粳米成分多一些，吃口松软，如大方糕、黄松糕这一类糕。“糕贵乎松，饼利于薄”，尤其是夏令时节热销的薄荷大方糕，拿在手里，洁白如雪，正中一摊馅心，粉白中透出翠绿。捧上手，一股清香直沁脑门，轻轻一咬，甜津津，凉簌簌，炎炎夏日中，能有如此感觉真的是不错。也难怪乎，每到应时上市时，在黄天源、万福兴门前排队买糕的人，一多半都会把它带回家。

说起“方糕”，曾见过一段蛮有意思的趣话。方糕原先属茶食类，出名的几家都是糖果店，如观东桂香村的五色大方糕、稻香村的猪油玫瑰大方糕、叶受和的五色馅心小方糕等都是为人所喜爱的抢手货，说来也许不相信，小小的方糕，竟然也能让人为它大打出手。

《苏州小食志》记载了当年一糕难求的盛况：“春末夏初，大方糕上市，数十年前即有此品，每笼十六方，四周十二方系豆沙猪油，居中四方系玫瑰白糖猪油。每日只出一笼，售完为止，其名贵可知。彼时铜圆尚未流行，每方仅制钱四文，斯真价廉物美矣。但顾客之后至者辄不得食，且顾客嗜好不同，每因争购而口角打架，店主恐因此肇祸，遂停售多年。”《吴中食谱》中有一段非常传神的描写：“初夏，稻香村制方糕及松子黄千糕，每日有定数，故非早起不能得，方糕宜趁热时即食，若令婢仆购致即减色。每见有衣冠楚楚者，立柜前大嚼，不以为失雅也。”真可谓是生意好得让人眼红。原先从不涉足方糕生意的糕团店，也实在是有点守不住规矩了。大约自二十世纪四十年代起，苏州的糕团店也开始卖方糕了，到了五十年代初，糕团店的方糕就已经和糖果店的方糕开始分庭抗礼了，到了今日，苏城最出名的方糕大约应是黄天源的了吧。

在我记忆中，对“条头糕”的印象最深刻。这种糕长约有六寸，宽约一寸光景，油光光，糕身上撒了不少糖桂花，色香形都不错。吃口软糯，和年糕很相似。做糕时用的是黄砂糖，时称“古巴砂”。现在供应这种糕式的店铺似乎不多了，去过几次黄天源，都没见到过它，在万福兴买到过，但似乎也不是每次都能买到。

方糕制作步骤图

苏州十块糕

梅花糕

似梅花绽开的梅花糕，里面加入豆沙、鲜肉、玫瑰等各种馅心，面上撒满红绿丝和瓜子仁。细心的糕点师傅一边把糕放在小纸上递给你，一边好心叮嘱“慢慢咬，小心不要嘴里烫出个泡来”。

海棠糕

比梅花糕略小，豆沙馅心，花朵的形状，琥珀色的糖浆，七个模孔拼成一朵七瓣的海棠花，上面还要加上果丝、瓜仁、芝麻等五色点缀。曾有诗颂之：海棠饼好侬亲裹，寄与郎知侬断肠。

葱猪油糕

老苏州人记忆里最深的葱猪油糕洁白晶莹，葱香脆绿，软糯湿润，油而不腻。在过去那个物质匮乏的年代里，口感肥润的猪油糕，夹上大饼或油条，无疑是一顿补油水又补营养的早餐。可直接食用外，亦可切成小块和南瓜烹烧。

金钱方糕

方糕，有大小两种。但不论哪种，都是名副其实的外形正方，棱角整齐，馅心居中。口味上可荤可素，可咸可甜。薄荷、玫瑰、豆沙、南瓜、鲜肉等都可作馅，颜色从内里透出来。

百果蜜糕

蜜糕，甜蜜似糖，名字极为喜庆。早年间，苏州人过年走亲访友时，带上一盒百果蜜糕，算得上是一件高尚的礼品。现在的百果蜜糕，包裹着核桃仁、松子仁、青梅干、玫瑰酱等果料，口味更丰富。

定胜糕

两头大、中间细的定胜糕，在苏州一直是民间乔迁、建屋、祝寿等喜事上的重要角色。定胜糕不但吃口好，更重要的是讨个好口彩。

松子黄千糕

以大米为主要原料的松子黄千糕，是春末夏初的时令糕点。轻咬一口，松软细绵，松子的清香和焦糖的甜香充盈齿间。许久以前，知名糕团店的松子黄千糕每日有定数，非早起不能得。

瓜子仁玫瑰拉糕

提及拉糕，人们最先想到的定是苏州名点“枣泥拉糕”无疑。实则名曰“拉糕”，是因食时用筷子挑起，拉开，再送入口中。因不同的季节出产不同的辅料，所以拉糕也有了许多不同的小种类。如瓜子仁玫瑰拉糕、松仁南瓜拉糕、薄荷拉糕之类。

松仁椒盐夹糕

糯米和梗米做成的糕块放于两侧，把椒盐味的松仁，或是其他诸如枣松猪油、紫芋等馅料夹在当中，尽可依口味挑定不同辅料。

云片糕

薄薄的片状，雪白的色泽，其间偶尔还夹着少许桂花、玫瑰，一片片掰下放入口中，细软甜蜜。最觉奇妙的，是它能久藏不硬。略加琢磨后才知道，这小小一条云片糕，制作上很是讲究，如糙糯米粉，一般要贮藏半年左右，以去其燥性，方才使用。

清·袁枚《随园食单》、《诗话补遗》书影

团：水磨粉揉出的精致生活

糕和团，可说是苏州点心中的一对双胞胎。只听说有“××糕团”，没见过有“××糕”或者“××团”的店招。细细追究一下，它们之间的区别还真是不小。首先，在苏州素有“方为糕，圆为团，扁为饼，尖为粽”这一说，可见这二位的相貌并不相似；其次，它们的肌肤胫骨也不同，做糕多数用干粉，而团子使用水磨粉的居多，虽说都是糯米磨的粉，但两种粉带来的口感却是有些大不同；再者，它们的成熟也不完全一样，糕多数是大块蒸熟，然后再切小，而团子则是先捏成一个个后，或蒸，或煮，或油炸。当然，最大的不同还在于它们的内在了。除了方糕，糕都没馅，团子不一样，除了瘪嘴团，几乎每种都有馅，而且有荤有素，有甜有咸，黑洋酥、萝卜丝、猪油玫瑰、鲜猪肉、赤豆沙、莲蓉，真可谓是应有尽有。

以今而论，团子中名气最大的莫过于清明应市的青团子了。在老苏州人心目中，青团的地位丝毫不亚于春节时的糖年糕。关于吴地清明食青团的习俗，久有二说。一说为：清明节前一两天为寒食节，吴俗中有禁火之遗风，故而以可直接冷食的青团、焐熟藕等物祭祀先人。《清嘉录》卷三中有“市上卖青团、焐熟藕，为居人清明祀先之品”的记载，清人徐达源的《吴门竹枝词》中也有诗咏：“相传百五禁厨烟，红藕青团各荐

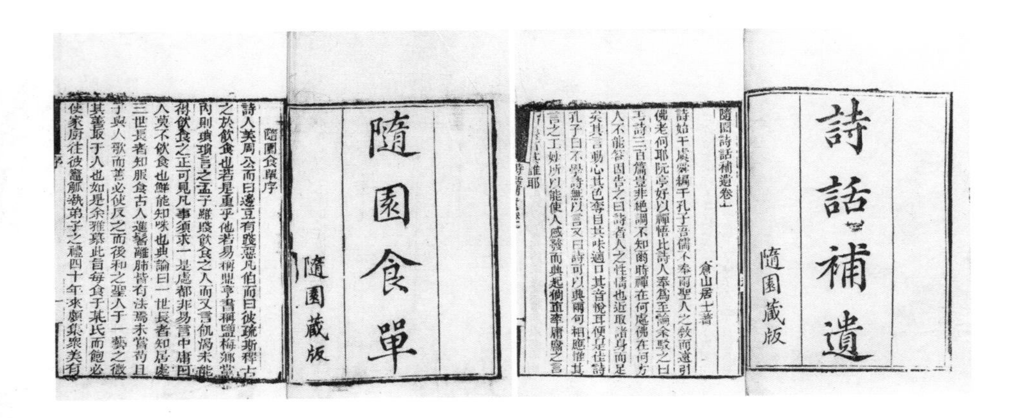
隨園食單序

詩人美周公而曰籩豆有踐惡凡伯而曰彼疏斯稗古之於飲食也若是重乎他若易稱鼎亨書稱鹽梅鄉黨內則瑣瑣言之孟子雖賤飲食之人而又言飢渴未能得飲食之正可見凡事須求一是處都非易言中庸曰人莫不飲食也鮮能知味也典論曰一世長者知居處三世長者知服食古人進鬐離肺皆有法焉未嘗苟且子與人歌而善必使反之而後和之聖人于一藝之微其善取于人也如是余雅慕此旨每食于某氏而飽必使家廚往彼竈觚執弟子之禮四十年來頗集衆美有

隨園食單

隨園藏版

隨園詩話補遺卷一

倉山居士著

詩始于虞舜編于孔子吾儒不奉兩聖人之教而遠引佛老何耶阮亭好以禪悟比詩人奉為至論余駁之曰毛詩三百篇豈非絕調不知爾時禪在何處佛在何方人不能答因告之曰詩者人之性情也近取諸身而足矣其言動心其色奪目其味適口其音悅耳便是佳詩孔子曰不學詩無以言又曰詩可以興兩句相應惟其言之工妙所以能使人感發而興起倘直率庸腐之言

誰耶

詩話補遺

隨園藏版

先。熟食安能通气臭，家家烧笋又烹鲜。”另一说则为：传在春秋战国时期，晋国贵胄介子推，事母至孝，晋文公意欲请他出仕，介子推不言禄，偕母避居绵山，晋文公遂以火烧绵山，企图将介子推逼出，不料介子推宁死不仕，终被烧死在山中。是日适时清明，后人为纪念介子推，故作青团祭祀。

根据袁枚的《随园食单》所记，早在乾隆年间，江浙一带已有“捣青草为汁，和粉作粉团，色如碧玉”的青团子。苏州的青团子，馅心并无多大的特色，常见的都为猪油细沙馅，和江南别处的用馅基本差不多。若要论说各地青团子的不同，大约还得归在一个“青”字上。沪上作家沈嘉禄曾在《琥珀嵌白玉，木模印寿桃》一文中，就“捣青草为汁”一事，和三百年前的袁枚抬了个杠：“青草，在约定俗成的概念里就是牛羊们嚼食的植物，它的汁有很重的苦涩味，人不能咽食。在三年困难时期，人们也没有吃青草，顶多剥张树皮嚼嚼。所以这里说的青草汁是以讹传讹的。”为了佐证自己的观点，沈先生列举了上海的青团子做法：“艾叶在石臼里捣成汁，稍加一点石灰水，使之更加鲜绿，与糯米粉拌和后裹上细沙馅，做成青团，再上笼蒸透，表面上刷一层麻油以防相互粘连。咬一口，甜软适口，色彩的效果恰似一块琥珀镶嵌在碧玉中。”后来由于卫

生部门的干涉，改用尚未抽穗的麦子，也即麦青来做青团，虽色泽稍淡，但香气也是浓郁的。其实沈先生有点过于较真了，如果把袁枚的“青草汁”当作是泛指，这杠也就不用抬了。其实事实上也正因如此，各地的青团子都有着各自不同的“青”。

就拿苏州来说，城南、城中、城北等地用来和粉捏团的青汁就不尽相同。在已故糕团大师冯秉钧所作的《苏州糕团》中，提到苏州地区的青团子用草，乡村农家“捣穞麦汁溲粉为之”。如今苏州糕团中之青团已易青草、穞麦为青菜，以青菜捣汁和粉为之。苏州作家叶正亭的《青团子》中，也有类似的记载：“苏州大部分地方用青菜汁、苦荬丁等。而最正宗、也是‘最美青团子’用的是浆麦草汁。”文中所言的“浆麦草汁”就是苏州城北地区的特色野草汁。据昆山《正仪镇志》所载：“青团子是正仪著名特产之一。它是历来江南地方清明时节扫墓用的祭品。制作时先把浆麦草捣烂取汁，加适量石灰稀液点浆，然后将青汁按一定比例拌入糯米粉，揉成粉块，捏成团壳，加进各种馅心做成团子上笼蒸熟。出笼后，涂熟菜油，使团子鲜艳油光，其香扑鼻，逗人喜爱，热吃味道更佳。若用手工磨粉做团子，尤为柔软细润，又不粘牙，存放数天不破裂、不发硬、不变色。青团子的制作技巧及其精美特色，为其他地区所莫及。”其中，尤以老字号“文魁斋”出品的青团子最为著名。据说，由于近年来除草剂的广泛使用，这种植物已经很难大规模采集到了，虽也曾有报载，称郊区有人在尝试规模化种植浆麦草，但人工培育出来后的效果如何，看来还待观察。真正要想品尝到用浆麦草制成的青团子，还得到郊县乡镇作坊中去才更保险。前几年，我在甪直保圣寺前的一家小作坊中买到过，印象最为深刻的是，这种青团子丝毫不带一点灰碱气，而且吃口软糯，清香中略含微涩，感觉十分不错，很能勾起童年的记忆。

糕和团，还有一个很大的不同。苏州的团不像糕那样“一甜独大”，而是甜咸兼备，各领风骚。甜的品种不少，如青团子、双酿团子、糟团、南瓜团、水晶团等；咸的则有鲜肉团、粢毛团、炒肉酿团、萝卜丝团、油氽团、炒肉馅团等，相对而言，似乎还是咸味的团子更具特色。

咸味团子的馅料多数用猪肉，最为本色，另有一些则是由它变形而出。如粢毛团，制作时团粉外部粘上糯米，蒸熟后肉团外糯米粒粒饱满挺立，酷似团身屈体的小刺猬，故而又有俗称为“刺毛团”；油氽团则更简单，只需将肉团子的胚料改蒸为氽就行了，出来的团子色泽金黄，外松脆内软糯，一包鲜卤，全然是别样的滋味。还有一款萝卜丝馅的团子也很不错。先将太湖萝卜切成丝后用盐腌一下，挤干水分后加入肉糜、白糖、葱花及少许酱油。滋味全在于作料的搭配，既能吃出猪肉的鲜，又能吃出萝卜的香，那才算得上是风味独特，入口难忘。只是这款团子的水分足，蒸起来时间不太好掌握，真要是想吃，还是上店家去为好。

粢毛团，蒸熟后肉团外糯米粒粒饱满挺立，酷似团身屈体的小刺猬，故而又俗称为『刺毛团』

炒肉酿团子，黄天源糕团店的招牌之一。外形有点像大了一号的烧卖，开口也要大得多。炒肉馅团子最讲究的是现做现吃，以前常能见到店堂的案板前端坐着包团子的师傅，摘下一团热乎乎的熟粉团，压成皮子后裹入炒肉馅，肉馅的用料十分考究，主料为切成丁的夹心肉，辅以开阳、扁尖、金针菜、木耳增鲜，馅心放好后，微微转几下，收口成小笼包形状，然后在开口处按上一只新鲜的大虾仁。三荤四素七样馅料，一目了然，现蒸现买，堂吃最佳。店家在售出团子时，临时浇上一勺鲜卤汁，使得吃口愈发觉得皮软韧滑，咸鲜适口，且还有汤有水。即便不喜欢糯米食的人，也难挡炒肉酿团子的诱惑。在点心店里，常能看到这样的场景，买上一碗阳春面，另加两只炒肉酿团子，扒去皮子后把馅倒在面里当浇头，既经济实惠，又风味独特。苏州人吃的功夫可见一斑。据说，如今很受欢迎的炒肉面，就是黄天源的店东受此启发而创新出来的。

双酿团子

双酿团子，喜欢的人也很多，大多数人的理由是因其“色泽晶莹、甜糯香美、凉爽可口”。但我喜欢它的理由是因为它好玩，因为馅心里面还裹着团子。轻轻咬一口，先露出一层浅褐色的豆沙，再咬一口，就会喷出黑洋酥来。小时候，一只双酿团子我能吃上半个钟头。先用齿尖将外层的皮子慢慢啃掉，然后用舌尖将黑洋酥舔干净，再咬出一个小口子，用力一吸，将里层的豆沙吸出来，最后一口才把团子吞进肚子里。一抹嘴，心中还能生出感慨，团子里有团子，芯子里还有芯子，这到底是怎么做出来的啊？因而也常得老辈人夸奖：“小赤佬在吃的上头，还真是肯用心思。”

甜味团子中，太仓邱家糟团很有特色。据说在百年前就已小有名气了。创制人乃璜泾镇邱氏，原先开设有一家经营馄饨、春饼的小吃店。因其店小地僻，生意一直不太好。为了摆脱困境，邱氏几度试验后，终于推出了一款全新口味的糯米粉团。团胚选用当年的新香糯，水浸三天后磨成粉，滤去水分后加入甜酒酿揉搓至软糯，这在所有团子中可谓独具一格。馅料则选用上好的猪板油，切成一厘米大小的块，先在白糖蜜水中腌渍十五天，然后混拌上经过腌渍糖蜜过的当年新桂花，这在粉食点心中可称是唯一。而最让人叫绝的是别出心裁的烧煮法，既不用笼蒸，也不用油煎，而是在平底锅中先熬好一锅浓浓的赤砂糖汁，放入包好了馅料的生糟团，用文火慢慢煨煮，随着馅心中的板油融化塌瘪，团子呈现出扁圆状，再放入赤砂糖和蜜桂花。一揭锅盖，桂香四溢，吃口甜糯，上市即大受欢迎。据说，邱家糟团上市的第一天，适逢刮北风，香味直飘远处的高岗址义春园书场，竟然引得众听客纷纷离开书场，一路寻香而来邱家店，争先抢购糟团子。自此后，邱家糟团便声名鹊起，门庭若市，俨然成了江南的名点。

以上所说，其实还只算是平常物，在苏州的点心中还有不少当之无愧的超级豪华版。据乾隆三十年（1765）《乾隆江南节次照常膳》，皇帝第四次南巡，先后两次品尝了江南织造府厨役张东官精心制作的“鸭子火熏馅煎粘团”，一出手就赏了二两银锞子，这道点心也算得上是身价不菲了，想必味道应该很不错。只是那掌膳的太监实在是马虎，也没问一下这道“鸭子火熏馅煎粘团”的大名是什么，以至于到现在也没能猜出这道团子到底是个什么团。

汤圆：苏州人自有苏州解读

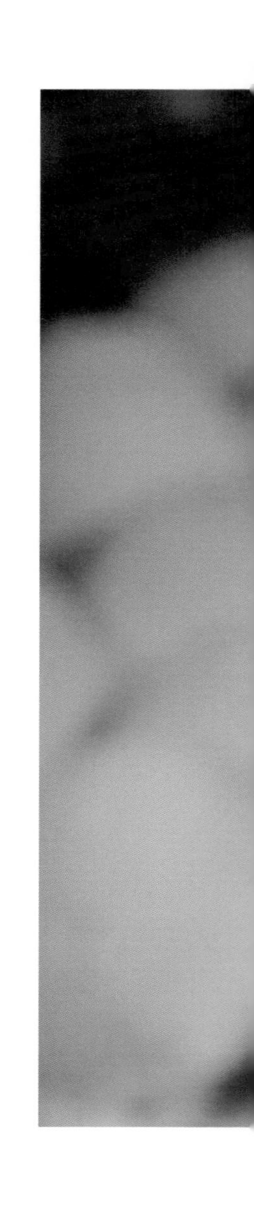

同样令外地人费解的是，分不清馒头、包子的苏州人，对于团子和圆子的区别却又是显得那么地执拗。就拿几乎各地都这样称呼的“汤圆”来说吧，到了老苏州嘴里，出来的一定是“汤团”。问其缘由，答案则是有馅的就是团子，没馅的才能叫圆子。既然这么在乎有馅和没馅的区分，为什么对于馒头和包子，却又不那么讲究了？作为一个苏州人，我也搞不懂老辈人是怎么定义的。在苏州，只有在一种情况下，没了馅的“汤圆”也能称“汤团”，那就是小孩子考试得了零分，大人觉着笤帚柄砸下时吼出的那一声：“小赤佬，怎么又是‘零汤团’啊！”

汤团

汤团是苏州人的早点中很受欢迎的一种团子。早在七百年前，苏州状元吴宽就曾有“净淘细碾玉霏霏，万颗完成素手稀”的诗句来叹咏时称为“粉丸”的汤团。更早一些时候，汤团又称为“水团”，生于元代末年的苏州人韩奕（字公

望），在他所写的《易牙遗意》中就有“水团”的记载：“澄细糯米粉带湿，以砂糖少许作馅，为弹子大，煮熟置冷水中。澄粉者以绝好糯米，淘净，浸半日带水磨，下置布袋中沥干。”至于后来把汤团称作为“元宵”大约是明末清初的事情了。清王誉昌《崇祯宫词》云：“饮醇食德宽如海，那为牢丸计一丝。”在诗后自注中，作者还讲述了一段御膳房为崇祯帝买元宵时揩油捞钱的佚闻：“一日帝谕买元宵来，即粉团也。所司随进一碗，帝问其价，一曰‘一贯钱’。帝笑曰：‘朕在藩时，每以三十文买一碗，今算一贯耶？’仍谕准给一贯，所司凛凛者累日。”可见到了崇祯年间，“元宵”一说还未普及。到了清乾隆年间，在袁枚的《随园食单》中出现了“水粉汤圆”的记载：“用水粉和作汤圆，滑腻异常。中用松仁、核桃、猪油、糖作馅；或嫩肉去筋丝捶烂，加葱末、秋油作馅亦可。”另据他的“作水粉法”所说：“以糯米浸水中一日夜，带水磨之，用布盛接，布下加灰，以去其渣，取细粉晒干用。”袁枚的“水粉汤圆”，应该和三百年

前韩奕的“水团”属于一回事。至于元宵和汤圆到底是什么关系，之后的三百多年来依旧没有定论。在民国初年刊印的《素食说略》中，作者薛宝辰还就此事展开了讨论：“今人捏馅作小块，入糯米粉滚之，再湿再滚，大小合宜而止，曰‘元宵’。以水和糯米粉，擘块，实以馅包之，曰‘汤圆’。古人作此，当亦不外此二法也。”简言之，元宵是以馅滚干粉做成，而汤圆则是以湿粉包馅而成。

现在所能见到的汤团有大也有小，大者如乒乓球，馅心用肉居多，揉粉要加干糯粉，馅心以咸味为主，而甜味中尤以现在很少能见的“水晶汤团”最为著名。所谓的“水晶”，其实就是在馅心中嵌入一块事先用糖缸腌渍了几天的猪板油，一经煮熟，猪板油便成了透明体，犹如一块晶莹剔透的水晶石。小的汤团则如桂圆肉大，以甜馅为主，揉粉使用“水磨粉”，为有所区别，这种大如桂圆的汤团多被称作为“宁波汤团”。据我所晓，苏州最出名的宁波汤团应该是“小有天”的五色汤团。一碗汤团共五枚，集合了玫瑰、薄荷、桂花、芝麻、百果五种不同的味道，其中尤以薄荷味的给人印象最为深刻。

汤团我很少吃，主要是胃不太适应，吃过后易泛酸，且还觉得有点顶胃。遇上嘴馋的时候，偶尔也去店家吃，但从来不在自家做，因为做汤团这件事实在是有点麻烦。

首先是揉粉，就很有讲究。糯米粉不同于面粉，直接加水揉，很难揉成团。即使勉强揉成了，包出来的汤团也不容易成形，而且还容易龟裂碎散开，一煮，馅心就会流出来。我曾特意留意过，发现在店家下汤团的大锅中，常煮着一大块粉团。后有师傅告诉我，这个东西叫粉芯，行话中称为“芡”，煮得越久越有韧劲，把它放入干粉中当芯子，揉出来的粉团才能既有韧劲又不失软糯，而且口感更滑腻。

然后是馅心，那就更有说道了。肉馅的还好说一些，肉馅剁得细一些，拌馅心时多放些水，搅拌时费点劲，搅成稠糊状也就马马虎虎。但要包出一咬一包糖汁的甜芯汤团，这就费事得多了。以前曾见过家中老人拌过宁波汤团中的名品“黑洋酥”馅心。先在炒出香味的黑芝麻粉中放入大量的白砂糖，搅拌匀后放入许多切成丁的猪板油，然后使劲捏，一直要将生猪油捏得不见形，和黑芝麻、白糖一起搅和成一团才算是达标，再搓成一颗颗大小如桂圆肉的小丸子。这种堪称精致的汤团包法也很不一般。普通的汤团，包时先将揉成的糯米粉搓成条，摘下一块搓成团，放在左手的拇指、食指、中指间，有点类似于“三足鼎立”那模样，接着用右手的拇指顶出一个坑，连同食指一起将左手里的粉团边推边捏，由下而上直至捏成一个碗状形。放入馅心后，左手轻转，右手的虎口卡住粉碗沿，直到收口，放在掌心中再搓成汤团。但“黑洋酥”馅心的宁波汤团完全不一样，包的时候先用兰花指在粉团上摘下一点点粉，展开拇指、食指将其轻压成片，均匀地一片接着一片粘在事先做好的馅心丸子上，直至馅心都裹满为止。

接下来就该煮汤团了。煮锅里的水要多，多了汤团不容易破。水开后下汤团，拿漏勺轻轻搅动水，看见汤团开始浮起了，放入一碗凉水，避免汤团皮子过熟，改用小火后，等到汤团再次浮起，就能出锅了。汤团煮得好，捞进白瓷碗中雪白粉嫩，晶莹剔透。唯独让人担心的是，融化成汁的“黑洋酥”一涌一涌地，会不会自己跑出来。判别好坏的标准之一，就是皮子越薄越好，至于下锅后会不会露馅，那就看包汤团人的本事了。

做不容易，吃也不容易。由于馅心中的猪油全成了液体，汤团馅内的温

汤团馅内的温度非常高，一不小心就会被烫着，所以吃汤团也很有讲究

度非常高，一不小心就会被烫着。在苏州评弹《玉蜻蜓》的头一回书《瞎子问卜》中，说书先生就连着安排了两段“吃汤团”的桥段。为便于阅读，只能把苏白先翻译一下。第一段是算命先生胡瞎子前往金府算命遭门人周青戏弄时的一句话：“吃这个汤团一定要小盆子的，否则弄得身上答答滴喂！”另一段，听起来更发噱，胡瞎子进去后，丫头荷花端了碗汤团给胡瞎子，胡瞎子吃时的说表：“（瞎子）饿伤了呀，一张嘴张得个大！……嘴张开么，就把团子往嘴里一塞呀！勿晓得你张嘴么张得大，团子推倒是能推得进，那还要不要嚼啊？要嚼，那嘴是不是要抿拢？一抿拢不就要把团子一压呀！这团子的皮子非常薄，里向一包汤嗨，外头因为被吹了一吹，不烫了，里向的却还是沸滚发烫哟！这嘴一抿拢，把团子一压，皮子就穿孔了。而且穿孔的那头正好对着喉咙口，这可是个‘仙香眼’哟，一包汤就像小水龙那么一条，照准胡瞎子的喉咙口‘呲——’浇了上去，而且油这个东西，粘牢了，甩也甩不掉的！可怜这胡瞎子痛得直叫：‘喉咙口火着了。’”虽说这只是蒋云泉老先生摆出的噱头，但的的确确是源自于生活。这样的场景我也曾亲眼目睹过，至今仍记忆犹新。一位外地客人在点心店里要了一客宁波汤团，送进嘴巴就是一口，结果自不用多言。算她的运气还不错，挤破的口子是向外，所以“小糖龙”一点也没伤着她喉咙，全喷在桌对面那位的脸上了。那位客人是苏州人，不急不恼地掏出手绢擦了擦，然后让服务员送了碟子给那位外地客，临了说了一句：“您先咬个口子，把汤心倒出来，凉了后再吃就没事了。”在《苏州烹饪古今谈》中，介绍了一款水晶汤团：“如水晶汤团，生坯略小于汤团，馅心是猪油白糖，皮薄馅重，在油锅里氽至金黄，透明似水晶，故名。跑堂端上桌面时要一再招呼：‘吃起来勿要心急，先咬破一小口慢慢地吃。’若是大口一咬，一包高温的馅心溅出来，不小心会烫痛喉舌。”看来一只小小的汤团，不仅仅能折射出苏州点心的精致，而且也体现出了苏州人生活中的幽默。只可惜这样的场景，现在似乎少了许多。

圆子

另外，团和圆，在苏州的点心中有着完全不同的定义。有馅的才能称作为团子，一般个头都比较大，所以，在老苏州口中都是只有“汤团”而没有“汤圆”这一说的。如果是反之，那统统都只能称之为圆子。圆子也是苏州人寓意吉祥的一个点心。一碗清水中落下一些白糖年糕丝和水磨粉圆子煮成的甜汤，历来是江南人一年中的第一顿用餐，因为在这碗称作为“糕丝圆子”的甜汤里寓意着清白、高兴和甜蜜，它能给人带来一年的吉祥。除此外，苏州称作为圆子的点心也有不少，比如橘络圆子、藕粉圆子、酒酿圆子、圆子赤豆糊等等都是。

圆子的模样、材质几乎都一样，主料即为糯米粉，搓成的圆子一粒粒大小如黄豆，雪白粉嫩，甚是招人喜爱。有一年春天，央视一位导演在我家拍摄《家宴》专题。撰稿时，导演要上一道苏州甜点，我就把橘络圆子推荐给了他，并告诉他，这道点心拍出来最是接地气，同时也最具观

赏性。首先“橘络”二字暗合着“爵禄”，其次是做出来后也漂亮，微带奶色的浓汤中，漂浮着颗颗半透明的小圆子，剥去橘皮、橘翳的橘瓤浮动在汤面上，不用尝，赏心悦目的组合就能倾倒荧屏前的观众。最主要的是，在没有出现机制圆子前，一粒粒豆大的圆子，苏州人又是怎么搓成的呢？这个问题绝对能让观众生出好奇心。

为了满足拍摄的要求，太太特意翻出了当年搓圆子用的竹制筐箩和筅帚亲手还原当年的场景。搓前先在筐箩里撒上干粉，然后用筅帚蘸水将水珠抖落在干粉上，轻轻晃动筐箩，让水珠滚上粉，然后交替着洒水、洒粉，直到粉团大小如豆就成了。虽说不如机制那般匀，也没有那般圆，但看起来更显得有灵气。片子剪好后，制片、导演都很满意，还特意在后期配音中加入了一句：“这种传统的手工制作方法，只有在朱夫人这样的老苏州人家里才能看到。”

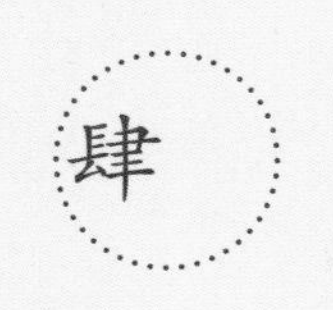
肆

时令点心

——苏州人的『不时不食』

色香味形，色始终被人们视作是美食的首要。色不能给人带来味蕾的直接感受，却能极大地提升人们的食欲。然而对于老苏州人来说，根据不同季节所生的不同食材融入于点心，把来自于大自然的缤纷多彩搬上餐桌，这也是人和自然亲近的一种重要表现方式。由此而来，“不时不食，四季四鲜”也就成了苏州人的一种生活态度。

青团：清明的不只一个“青”

“不时不食”，是苏州人的一个食膳理念，尤其清明前后，这样的理念可谓是达到了极致。不够了解苏州的人也许会觉得这也太矫情了吧？其实不然，“不时不食”的理念除了凸显出苏州人的美食观外，更多地还涵盖了苏州人精打细算的生活态度。在王鏊的《姑苏志》中就有这样的表述：“三四月卖时新，率五日而更一品，后时者价下二三倍。”由此可见，“不时不食”在苏州膳食中彰显出的意义，更多在于因地而宜、因材而宜的精而不奢。在苏州的点心中，这种理念的存在，完全可以从清明团子的变易中得到印证。

城南一带的清明团子，除了青团子外，还有同里古镇出品的闵饼，以及平望、黎里的麦芽塌饼等，都是很具名声的团食。《盛泽食品竹枝词》中有咏：“节令时逢食品多，饼师手段竟如何。南郊今日方迎夏，粉饵和同新麦搓。”说的就是麦芽塌饼，也称麦芽塔饼或立夏塌饼。

麦芽塌饼，虽冠号为饼，但形状、粉料以及应市时令等均和青团子相同，唯馅心稍有不同，在豆沙、糖猪油的基础上，加入了一些桃仁、松子仁等干果类的添香物料。闵饼形呈黛青色，光亮细洁，入口清香滑糯，油而不腻。而形成这种黛青色的草料则是一种野生白苎嫩叶，就是一种叶圆形，面青背白，中医称之为“天青地白草”，民间俗呼为“闵饼草”的嫩叶。早在明中期，沈周便有《苎头饼》诗咏之：“蒜萌方长折，作饵糈相仍。香剂圆从范，青膏软出蒸。女红虚郑缟，士宴夺唐绫。我有伤生感，临餐独不胜。”如此算来，闵饼的历史至少也有四百多年了。闵饼的得名，在嘉庆《同里志》中有记：“闵饼，一名苎头饼，一名芽谷饼，在漆字圩，出闵氏一家，筛串精而蒸煎得法，为同川独步，著名远近，已有百馀年，康熙初年、乾隆十二年县志载人有此苎头饼之名。”在《吴郡岁华纪丽》卷四也有记：“麦芽饼色碧，用青苎头捣烂，和麦芽面、糯米粉。糅蒸成饼，以豆沙脂油作馅，甜软甘松，实山厨之珍味。新夏，人家争以携馈亲友。田妇亦以之馌饷亚旅，为耕锄之小食，亦谓之苎头饼。同里镇闵姓善制此饼，他处莫及，

右图：麦芽塌饼制作步骤
左图：形成麦芽塌饼黛青色的草料是一种野生白苎嫩叶，中医称之为『天青地白草』，民间俗呼为『闵饼草』

俗称闵饼。”再据范烟桥所言：“所谓塔饼也者，言可以叠置而不粘合也。春日田家有事于东畴，每制之以饷其雇工。”（《茶烟歇》）范烟桥就是闵饼发源地吴江同里漆字圩人，所以他的叙述应该很可靠。由此可见得，名噪一时的麦芽塌饼，最初无非也就是一道寻常点心而已，地主款待雇工时常用它作为下午的小点心。之所以后来能脱颖而出，成为一道受人欢迎的时令点心，这完全取决于它的独特风味。

麦芽塌饼以发芽大麦炒熟后制粉，混入糯米粉后，再与野生植物汁水一同伴和为饼皮，馅心选用豆沙、猪油、桃仁等精心伴制而成。先蒸后煎，兼具甜、香、清凉爽口诸多特色于一体。虽然从外形以及制作工艺上来看，麦芽塌饼和苏州的青团子、无锡的玉兰饼等有着十分相似之处，但细细品尝，带给舌尖的却是完全不同的感受，极具吴江地方特色。

民国初年曾有一段文坛轶事，说是著名诗僧苏曼殊对吴江的麦芽塌

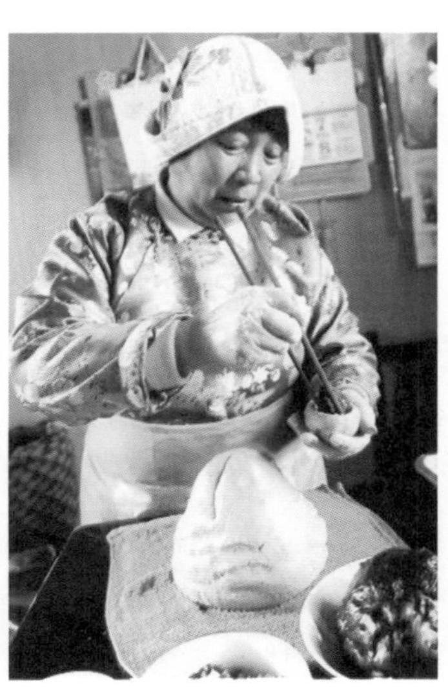

饼尤为钟情，平常人能一次吃上两三个塌饼的就已经算是大胃了，可苏曼殊居然能一气吃下二三十个。柳亚子后来在《苏曼殊之我观》中记叙下了此事。此事一经传开，无异于锦上添花，吴江的麦芽塌饼一下子迈入了十里洋场的大上海。民国十七年（1928），同里人合资在上海三马路（今称汉口路）开设了大富贵闵饼公司，开张不久，便深受上海人欢迎，麦芽塌饼就此登上了历史最高峰。只是那时的中国还没有知识产权保护这一说，闵饼的特色全仗秘不宣人。也正因为这原因，导致了后来闵饼制作技艺的失传。在2007年5月9日的《姑苏晚报》中，有一段记载很令人深省："凌纪荣回忆道，大概是在上个世纪九十年代初，费孝通先生回到家乡，向当地陪同的工作人员问起了小时候在老家时常吃的闵饼。凌纪荣一阵手忙脚乱后，终于匆匆忙忙地赶做出了一盆闵饼，送到了费孝通先生的餐桌上。"报道中没有给出费老品尝后的感受，却透出了一个信息，即一度名声颇盛的闵饼，确实有过一段为时不短的断层。虽不知费老品尝后感觉如何，但据我所知，时至今日，吴江食用麦芽塌饼的习俗也有了不小的改变，比如，素以“蒸煎得法”而独步一方的麦芽塌饼，如今大多成了只蒸不煎，就连当地电视台播出乡情节目中，也省略了煎的这一步。

至于塌饼、塔饼、闵饼之间的关系，说来也颇有趣。据当地人说：两者差异，主要在工艺。塌饼属蒸饼，因其出锅时像是软塌塌的一滩，因而得名。塌饼热吃最佳，油绿晶亮，吃口软糯，味道层次分明，甜味里，混合着米香、麦香、油香、石灰草的清香，以及果仁的香味，但最大的缺点是不易携带。塔饼则应算作是塌饼的改良版，在蒸熟后入平底锅塌一下，这就有了“刚骨”，可叠成“宝塔”，这样携带起来就方便多了。而闵饼，广义可视为同里出品的麦芽塌饼，狭义上则指同里镇“本堂斋”的出品。

虽然苏州城东南的麦芽塌饼无论是历史还是社会影响都比不上城西北的青团子，但就健康理念来看，应该是麦芽塌饼略胜一些。首先用于上色的野苎麻本身就是一味具有清热消炎功效的良药，又因加入了炒熟的麦芽，这对黏糯有加的糯米粉食来说，有着帮助消化的功效，苏曼殊敢于一口气吃下二三十个，估计也兼顾到了这方面的因素。只是馅心的改良让人有些难以接受。记得早些年吃的麦芽塌饼的馅心中除了豆沙之外，还有瓜子仁、猪板油等组成。曾问卖者为何如今只剩下了豆沙这一味，他的回答是有人怕脂肪，所以就不放板油了。另外曾有专家认为瓜子仁有一定毒性，多吃了对人体也有害处，所以也就干脆不放了。

在吴江，还有一样初夏时令的糕点，也属闵字头的糕点，即以平望出品最为著称的“闵糕”，也称“雪糕”和“薄荷糕”。据道光《平望志》所载：“薄荷糕以粳米水浸数日，碓粉和白糖入甑，甑底用薄荷，同蒸熟，亦能耐久，闵姓造者佳。”清人汪雪基有诗云：“莺脰湖边春漾漭，红栏雪浪浮孤舫。停桡为问闵家糕，照眼生花璧月晃。薄荷舌底涌清凉，扑面江风海雨香。一滴唇边蔗和蜜，软匀滑饱快切尝。”

在道光《平望志》中有一故事：“又有杨姓者，乾隆乙酉年高宗纯皇帝南巡，浙江巡抚熊学鹏曾备以充御膳，熊为书‘雪糕’二字赠杨。”在《清稗类钞》中，也有一段关于闵糕的故事：张芑堂尝至吴江之平望，市闵糕一甑，以馈龙泓丁敬身徵君。敬身以奉其母，乃作歌云：“闵姓名糕深雪色，到眼团团秋半月。只少迷离玉兔儿，桂露犹凝昨宵湿。惟春鲁望识香粳，不用渊明村酒秫。浮三淅九法方好，堪譬难委素交节。卖处曾游渔钓仙，瞰来频见鸡苏佛。松甘软淡宜老齿，易慰贫儿供洁白。酒客操戈或偶然，茶人把盏宜三益。韦龙谢凤竞雕藻，徒炫华筵一金直。虹桥夸目双晕花，烟丝播咏加浇蜜。何如此糕平且淡，似水相与情转出。张生携馈登我堂，径尺浅浅疏筠筐。镵花绛纸相掩映，招人牓子看几行。”文中“招人牓子”即为“广告”之旧称，把吃不吃闵糕上升到了尽孝尽善的高度，这篇广告词也算得上是“广告中的战斗机”了。

在立夏时节，苏城西南一带则有着互赠松花团子的习俗。松花团子，粉用糯六粳四相混成，制成团子后裹上松花粉后上笼蒸熟，馅料有赤豆、芝麻、马兰等，可口耐饥，别有风味。

松花团子上的松花，来源于马尾松。每年春夏交替时，将孕育成形的花苞采集回家后，搁在竹匾中在太阳下晒上几天，花苞就会自然蓬松开了，然后轻轻扑打一会，再用细

纱粉筛一滤，收拢起来的就是浅黄色的松花粉，手指上沾一点，会有一种柔柔细细的感觉，闻一闻，一股松香味沁人肺腑，用它做团子，团子的特色也就不言而喻了。

在民间传说中，苏州地区用松花做团子的习俗可以溯源至远古，当年的山民们就曾以松花团子犒劳过治水的大禹。而在民间医学中，也一直认为松花粉是食疗、美容的珍品。李时珍的《本草纲目》中就有“松花，甘、温、无毒，润心肺，益气，祛风止血，亦可酿酒”这一说。然而在

苏州的民间却还有一个传说，认为松花大年也意味着大灾之年。在吴林《吴蕈谱》谱后附录中有这样一个故事：“康熙癸亥岁，一春风雨，菜、麦尽烂，种子无粒，是年产蕈极多，若松花飘坠，着处成菌。”松花飘坠，松蕈春涌，对于城里人来说，这一年是个大饱口福年，可对农村人来说，这一年却是菜、麦尽烂，颗粒无收的大荒年。也许，这就是松花团子虽历经岁月，但总也没成糕团中主流的原因之一吧。

粽子：端午承载起的苏州情

端午是个大节，也是主妇们大展身手的好时光。每到这个时候，徜徉在苏州的弄堂小巷，不难看到这样的场面：一张小圆桌，桌上放着一盆浸泡过的白糯米，桌下则有一盆绿油油的新鲜粽叶，周边的几位女眷，一个个舞动着灵巧的双手，卷动着粽叶，填塞上米粒，然后又是裹扎几下。不一会儿，空着的箩头里就涌起了一堆棱角分明、玲珑秀气的粽子。看热闹的女孩忍不住会伸出双手央求着大人让她们也来包粽子，男孩们则一边津津有味地看着妈妈、姐姐们精彩的表演，一边急切地等待着厨房中飘出那沁人肺腑的粽子香。

过去苏州人送孩子上学，粽子和糕是「进学」贺礼中的必备，为的是讨一个「高中」的口彩

粽子故事

关于吃粽子这个习俗的起源，一直以来记住的都是小学里听老师说的《荆楚岁时记》那版本："五月五日，为屈原投汨罗，人饬其死，并将舟楫拯之，因以为俗。"直到几年前，才从晚报中得知，原来苏州人吃粽子不是为了纪念屈原，而是为了纪念伍子胥，所得的依据是一段《曹娥碑》中的一句话："汉安二年五月五日，迎伍君。逆涛而上，为水所淹，不得其尸。"暂且就说碑中所记的伍君就是伍子胥，而早于东汉年间越国腹

地的浙江绍兴，也确实有五月初五纪念伍子胥的习俗，那也未必就一定能和粽子挂上钩吧？虽然作为苏州人，这样发问有些像叛徒，但我还是坚持认为没必要和人家去争这个，更没必要将浙江的“五芳斋”视为粽子中的大王，因为粽子在苏州还有着更具个性的故事和习俗。

比如说，在读书人的心目中，粽子象征的意义远不止祭奠先贤这一样。过去苏州人送孩子上学，粽子和糕是“进学”贺礼中的必备，为的是讨一个“高中”的口彩。在包天笑的《钏影楼回忆录》中有记：“我上学有仪式，颇为隆重。大概那是正月二十日吧。先已通知了外祖家，外祖家的男佣人沈寿，到了那天的清早，便挑了一担东西来。一头是一只小书箱，一部四书，一匣方块字，还有文房四宝、笔筒、笔架、墨床、水盂，一应俱全。这些东西，在七十年后的今日，我还保存着一只古铜笔架和一只古瓷的水盂咧。那一头是一盘定胜糕和一盘粽子，谐音是‘高中’，那都是科举时代的吉语，而且这一盘粽子很特别，里面有一只粽子，裹得四方形的，名为‘印粽’；有两只粽子，裹成笔管形的，名为‘笔粽’，谐音是‘必中’。苏州的糕饼店，他们早有此种技巧咧。”拜师仪式上，还要吃一碗“和气汤”，包天笑还说道：“这也是苏州的风俗，希望师生们、同学们，和和气气，喝一杯和气汤。这和气汤是什么呢？实在是白糖汤，加上一些梧桐子（“梧”与“和”方言相近）、青豆（“青”与“亲”方言相同），好在那些糖汤，是儿童们所喜欢的。”“临出书房时，先生还把粽子里的一颗四方的印粽，教我捧了回去，家里已在迎候了。捧了这印粽回去，这是先生企望他的学生，将来抓着一个印把子的意思。”

看别人包粽子是一件很有乐趣的事。不，应该是说“裹粽子”，在老苏州眼里，说“包粽子”必定都是外乡人。老苏州裹出的粽子，不管是店家的，还是自家的，或是邻家互馈的，都可说是巧制具备，风味各具。就其味品而言，有枣子粽、赤豆粽、火腿粽、肉粽、白水粽、豆瓣粽、碱水粽、灰汤粽等，而且各乡还各有各处的风情。如常熟就有“酒入雄黄粽子裹，要尝滋味到端阳”（《海虞风俗竹枝词》）的习俗，而吴江则以茭白叶裹尖头小粽为习，有道是“记是端阳节又交，黄鱼白肉作家肴。分尝鱼黍相沿久，偏是茭秧细细包”。

粽子的形状有很多种，《格致镜原》中说：“粽子其制不一，有角粽、粒粽、茭粽、锥粽、筒粽、九子粽、秤锤粽，宋时有杨梅粽。”但苏州一带常见的大约只有三角粽、锥粽、筒粽以及吴江的茭粽这几样。而不同的形状则更多是为了区别不同的品种，要不然一大锅粽子煮好了，谁还能认得谁啊？

锥粽，吴地称之为小脚粽，顾名思义其形应似从前的三寸金莲。这种粽子多数为白水粽，即纯糯米裹成的粽子。为了烧煮方便，也为了易于食后消化，煮粽子时往往会添加一些食用碱或稻柴灰作为辅助剂，前者即为“碱水粽”，后者则就是所谓的“灰汤粽”，据高濂的《遵生八笺》所载：“凡煮粽子，必用稻柴灰淋汁煮，亦有用些许石灰煮者，欲其茭叶青而香也。”最近这些年，城里的稻草成了稀罕物，而许多人又对食用碱有恐惧感，这两样粽子也就少见了，以至于有些媒体甚至用上了“失传”的词语。

蛋黄肉粽制作过程

三角粽则多为赤豆粽、豆瓣粽、枣子粽等加料的粽子。此类粽子有荤也有素，荤素的区别则是馅料中有没有块糖渍过的猪板油。

筒粽即肉粽，又称“枕头粽”，应该也是取其形。枕头粽的高下在于选料，肉要选用去皮五花肉，略微多放点肥肉也无妨，吃起来不但有肥腴的口感，而且米粒也滑润软糯。将肉切块后在黄酒、酱油等合成的调料中浸渍一两个小时，苏州人称之为“瀹”。捞出后，把浸肉剩余的酱汁和事先已经浸泡过两三小时的糯米一起拌透。裹时先将箬叶用开水烫制后浸入清水中，取箬叶两张并拢，卷出一个喇叭口，放米放肉后再放米，再将箬叶折叠成枕形裹紧，拿一根扎线，一头咬在嘴里，另一头紧紧地将粽子捆紧，捆得越紧煮出来的粽子越好吃，既有咬劲还不走味。有人曾戏称，李渔的“糕贵乎松，饼利乎薄”之外还应添上一条“粽贵乎实”，我看很有道理。肉粽不能久煮，否则瘦肉部分会发硬发柴，那就没意思了。说起肉粽，不能不说今日仍有商家标榜为高档粽子的“火腿粽”，其实这真是一个以讹传讹的附庸。在《苏州小食志》中，对此有描述：“‘肉粽’，凡糕团店所售者，只有素粽而无肉粽，惟大户人家，于大除夕前，必制肉粽以馈赠亲朋。其制法，以白糯米淘净滤干，和之以盐使咸淡适中，再加少量之水，浸于瓦缸中一夜，待米涨透，另以盐肉洗净，去其外层粗皮，刀切长方块，务令肥瘦适均，以米和肉，包以青箬，用武火煮于釜中，熟后勿即出，须焖闭多时，方可取食，其味殊腴美也。近日用盐肉者少，用鲜肉浸以酱油居多，但其味不如盐肉之美耳。迩来一般小贩仿人家酱油浸肉之法，美其名曰‘火腿粽’。有兼售豆沙猪油粽者，背负木桶沿途唤卖，并有入茶社兜销者，其中最著名之小贩，厥惟蔡钰如所售之粽，米烂而肉鲜。”

至于近年来出现的几十块钱一只的鲍鱼粽、鱼翅粽这一类土豪级的豪华版粽子，也曾听说过不少，但从没听说过有人说好吃，大约这类粽子只属于礼品专供，和传统意义上的粽子没什么关系，当然和屈原、伍子胥更没任何关系了。与此相比，我更喜欢那些逐年增多的街头粽子摊，每到粽子应市时，嗅闻着一阵阵不知从哪飘出的粽叶清香，一直让我觉得很是享受。

粽子情结

粽子，可谓是苏州点心之大宗，在苏州有这么一句俗语“勿吃端午粽，死仔呒人送”，意指若是端午不吃粽子，百年后就将成孤魂野鬼，这对于我这个不爱吃粽子、也不知有多少年曾漏吃过粽子的人来说，还真挺构成心理阴影的。不过，虽然不是很喜欢吃粽子，却并不妨碍我对粽子的喜爱。

外婆时代，女人各个会裹粽子，母亲这一代，不会裹粽子的就不是称职的主妇，到了老婆这一代，会裹粽子成了值得炫耀的本领，女儿这一代呢？粽子是超市里的商品，不用自己裹，哪家的女孩儿要会裹粽子，只怕比得上某处发现史前文明一般值得惊奇了。小时候，特别喜欢看外婆裹粽子。外婆裹的是白水粽，外形就像旧式女子的缠脚，故称“小脚粽”。那时，我就喜欢拿着外婆裹好的粽子和外婆的小脚比画，外婆一面呵呵地笑着，一面问：“怎么，像还是不

像？”“像，真像。”我总很快乐地回答，是真像啊！外婆裹的粽子小小巧巧，粽子剥好搁在碗里，白米透着晶莹的油色，粽子的尖尖处顶着一颗赤豆，就如一颗红宝石镶嵌在白玉上。这画面，多少年来，从没有离开过我的记忆。

母亲裹的粽子比外婆裹的就要大一些。为了照顾我们仨小子的口味，常裹那种里面有一大块瘦肉的粽子，虽然外形和外婆裹的没法比，但味道实在好得没话说。也不知母亲和粽子到底有没有什么不解的情结，每年的吃粽子总是一件大事，工作再忙也要自家裹上一些粽子。

有一年，母亲和父亲都在学习班接受教育，居然还会在端午前让人捎话：“今年端午你们三兄弟的粽子怎么办啊？”

怎么办？天哪！我们连吃粽子都从未认真过，那裹粽子的事能怎么办？母命难违，凭记忆，买箬叶、泡米、浸肉，好像都没有错误，但是，要把这些东西放在箬叶里，我们三个男孩实在没这本事了。最后只能把白米、箬叶、瘦肉一起放在锅里煮。有没有全吃掉我早忘了。倒是前天老三打个电话来：“大哥，那年的粽子吃完了吗？味道好像和现在的差不多吧？”那年，我十三，老二八岁，老三五岁。

老婆裹的粽子比母亲裹的更大，那模样也就不用说了。不过每年总

要裹许多，即便她决定少一点，也有好几锅，自己家吃不了几个，张家李家送去，一头的汗水换来一片赞扬。每年的端午早成了她虚荣心大满足的丰收季节。

满街看去，现在饮食店卖的粽子比我老婆裹的粽子还要大得多，五一节，秀华老师路过我这里，临走，买了两个粽子给她路上垫垫饥，一到家，大呼小叫的电话就过来了："老大啊，你们秀秀气气的江南人，裹的粽子怎么这么大啊？一个粽子让我从苏州吃到了湖南。"

这就是我，一个不爱吃粽子的人的粽子情结！

八宝饭：节时盛宴中的红莲青精

色香味形，色始终被人们视作是美食的首要。色不能给人带来味蕾的直接感受，却能极大地提升人们的食欲。然而对于老苏州人来说，把来自于大自然的缤纷多彩搬上餐桌，融入点心，这也是人和自然亲近的一种重要表现方式。当然，对于文人而言，色彩的诠释同样也是地域文化的一个重要方面。紫红色的“鸭血八宝饭”，黑油油的“乌米八宝饭”即是来自于生活的很好例证。

饭属主食，点心归为辅食，以主之尊而委身于辅列，除了八宝饭外，大约再也没别的了。而且，用它单独作为点心的，似乎也不多，更多的是在节庆喜宴上，鸡鸭鱼肉之后以甜点的身份而闪亮登场。大油大腻之后，来一盘糯香爽滑、风情万种的八宝饭，不仅让人觉得眼目清亮，口舌清新，使人顿觉胃口又开，还兼具提神醒酒之功效，可谓是老小皆宜，深为广大食客所青睐。

自打知晓吃食起，就记得每年的年夜饭上都有这道八宝饭。那都是由家母一人亲手制作的，而且一做就是几十碗。除去家人所喜外，有此口福品尝过的亲戚朋友、同事学生们，无不啧啧称道，说是明年还想要。直到十年前，家母自觉精神体力有些不支了，这项延续了几十年的传统节目才不得不暂告一段落。

太极青精八宝饭

八宝饭用料很平常，家母喜用的有这几样：豆沙、蜜枣、桂圆、糖莲心、葡萄干、冬瓜糖以及蜜瓜做成的红绿丝。先顺着碗形将除去豆沙之外的各料排放整齐，把蒸熟的糯米饭放入碗中，由中间起向着周边将饭挤压紧，然后掏出一个空洞放入豆沙，最后稍稍蒸一下，使之完成“热定型”。上桌前，将其蒸热后倒扣于汤碗中，浇上一层薄薄的牛奶白糖芡。吃的时候先拌拌开，但最好别拌太匀，以便让不喜甜口的人可以多舀一些白糯饭，少加一点豆沙和蜜饯，重口的人，则反之。

八宝饭的制作说起来很容易，做起来却未必。首先是糯米饭软硬要适中，其次各味配比要合适，当然最关键的是豆沙一定要好。对于这一点，毋庸自谦，豆沙我做得好，这是一个举家公认的事实。

苏州人讲究，豆沙还分粗沙和细沙。煮烂成泥后带皮的叫“粗沙”。粗沙拿来包馒头勉强还可以，但用来做汤团、粽子、八宝饭这类精细点心，那就不行了。必须先将赤豆泥放在米筲箕里，筲箕放在清水中，一手轻轻晃动米筲箕，一手使劲搓捏赤豆泥，利用筲箕的缝隙，让豆沙和豆皮分离开。然后再让混合在水里的豆沙液沉淀，滗去清水，将豆沙倒在纱布包里，使劲挤干水分。前半截有点像淘米，后半截有点像做豆腐，这样出来的豆沙才配称作为“细沙”。

炒豆沙一定要用猪油炒，而且还不能少。我的配方是一斤豆沙七两油，还有三两是白糖。炒豆沙是个辛苦活，初入油锅时，搅和在猪油中的豆沙如稠液，“咕嘟嘟”冒泡，将水分挥发出，这时起，手中的铲勺就不能停，不停地翻炒以免豆沙粘锅底，否则的话，豆沙就会有一股枯焦气。

随着水分不断挥发，手中的炒勺越来越重，锅中豆沙也越来越浓稠。这时可以放糖了，若是用来包馒头或汤团，白糖可以多一些，用来做八宝饭，就得酌情减一些，因为其他各料中都是高糖的，豆沙就不能再甜了。然后接着炒，铲勺一定要提速，要是白糖过热碳化了，苦涩的味道没人会夸奖。直等到，豆沙中水分基本上被猪油白糖置换出，"柔滑细润、肥腴香甜"的正宗细沙才算是成功了。

不过，好的材料也只是具备了充分条件，它还需经精心的烹调，才能构成美食的充要条件。苏州名点"红莲血糯八宝饭"即为例证之一。

制作这款八宝饭的主料为常熟特产鸭血糯，《苏州传统食品》中有详细介绍：血糯为常熟古老名贵特产，据清乾隆年间《常熟昭文合志》记载：谷之属上者曰红莲，出邑东水区，粒肥而香，其色红。光绪年间编《重修常熟昭文志》记载：血糯亦名红莲糯。清光绪皇帝的老师翁同龢是常熟人，他在京中为官时，曾把当地特产血糯、香杭、三黄鸡、桂花栗作为贡品上献朝廷。血糯曾列为皇室内膳御米之一，视为珍稀品种，1926年曾送国际万国博览会展出。早先苏州近郊也有鸭血糯出产，《虎阜志》卷六记道，"红莲稻，《姑苏志》：'芒红粒大，有早晚二种。'范成大《虎丘》诗：'觉来饱吃红莲饭，正是塘东稻熟天。'文《志》：'山下四周皆民畴，其稻之美非一。'"但其影响似乎没有常熟所产那么有名。

血糯八宝饭的制作也很精致，也比家母所做的八宝饭要讲究许多。制作时，先将蜜枣去核，莲子去皮、去芯煮熟后待用，然后取三分血糯、七分白糯，混成后洗净，上笼屉蒸熟成糯米饭。倒入盘中，加入熟猪油、白糖、糖桂花，连同糯米饭拌和，取中碗一只，抹少许熟猪油，底放蜜枣、青梅肉、松仁、桃仁、瓜仁、冬瓜糖、金橘、莲子、糖板油等，装填一半糯米饭后，将莲子沿碗排列一圈，再装填糯米饭，抹平。吃时，上笼复蒸透，然后反扣盆中，浇上白糖薄芡，淋上猪油增色，即可上桌。以我体验，血糯八宝饭的亮点在于色，饭色紫红，白莲缠绕，油色晶莹，香气怡人，很是赏心悦目。但血糯毕竟不是纯正的糯米，而应归属于籼米，所以在软糯上总还是差了那么一点，稍不如苏州另一款很有特色的“青精八宝饭”。

如果单以形式而言，青精八宝饭，除了色泽之外，无论是辅料的配置，装碗扣盆花式等，几乎和其他几款八宝饭没有任何特别之处。但要说起青精八宝饭所用主料“青精米”，那无论是它的历史，还是它在吴地的影响，是任何一款八宝饭都无法与之比肩而论的，尤其是它所具备的强身健体之神奇功效，更是为后世人所一直推崇。

青精米，也称为乌米，初看颇似超市中所售的黑米，然而两者却完全不是一回事。青精米的胚料就是吴中特产太湖白糯米，只是在一种“乌饭草”的叶汁中反复浸泡后而呈现出了黑色。煮成米饭后，因其饭粒正黑如鋻，乌油滴水，故而又被称之“乌米饭”或“乌米糕”。吴地使用青精米制作点心的历史，至少可追溯至唐朝初年。根据宋代类书《太平御览》中引《真诰》所记，首先将此点心由仙家而引入民间的是一位名叫邓伯元的苏州（旧称吴郡）人。唐代初年，邓伯元曾学道于福州鹤林山，由太乙真人授餐青精饭，以作云游四方时抵御饥饿之用。邓伯元当

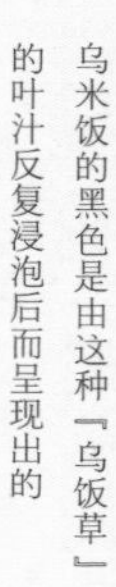

乌米饭的黑色是由这种『乌饭草』的叶汁反复浸泡后而呈现出的

年得传的青精饭是将采集来的南烛树茎叶“捣碎，渍汁浸粳米，九浸九蒸九暴”之后，而成“米粒紧小，正黑如瑿，珠袋盛之，可通远方”的路食点心。由此以后，青精米便从仙界步入了凡间，并广受后人喜爱。唐代大诗人杜甫有云：“岂无青精饭，使我颜色好。”久居苏州的唐代诗人皮日休和陆龟蒙各自也有“青精饭熟云侵灶，白袷裘成雪溅窗”“旧闻香积金仙食，今见青精玉斧餐”等诗句。

长期以来，青精饭一直被人视作食中奇珍，也一直是历代文人津津乐道的一个话题。在宋人所作的《山家清供》中，开卷便是青精饭，作者林洪说道：“青精饭者，以比重谷也。按《本草》：‘南天烛今黑饭草，即青精也。’采枝叶捣汁浸米蒸饭，曝干坚而碧也。久服益颜延筭，仙方又有青石饭。世未知石为何也。按《本草》：‘用青石脂三斤，青粱米一斗，水浸越三日，捣为丸如李大，日服三丸，可不饥，是知石脂也。’二法皆有据，以山居供客则当用前法，如欲则效此方辟谷，当用后法。每读杜诗曰：‘岂无青精饭，令我颜色好。’又曰：‘李侯金闺彦，脱身事幽讨。’当时才名如李杜，可谓切于爱君忧国矣。天乃不使之壮年，以行其志而使之，但有青精瑶草之思，惜哉！”久居苏州的晚唐诗人陆龟蒙、皮日休各自也都留有“旧闻香积金仙食，今见青精玉斧餐”“青精饭熟云侵灶”这样的佳句。赵翼曾摘《放慵》诗云：“道士青精饭，先生乌角巾。”而黄庭坚也有诗云：“饥蒙青精饭，寒赠紫驼尼。”

由上可见，青精米本为道家之服食之物，后来也逐渐为佛家采用，并易名而为乌米饭。此说在李时珍的《本草纲目》有记：“此饭乃仙家服食之法，而今释家多于四月八日造之，以供佛。”至于此中的原委，也许是因为食用它时不仅带有一股沁人肺腑的清香，并还具备了强精益气的功效而广为居民所爱而致。在顾禄的《清嘉录》中，又有别称为“阿弥饭”：“市肆煮青精饭为糕式，居人买以供佛，名曰‘阿弥饭’，亦名‘乌米糕’。”周宗泰《姑苏竹枝词》云：“阿弥陀佛起何时，经典相传或有之。予意但知啖饭好，底须拜佛诵阿弥。”此名起于何时，至今未见详述，猜想可能是吴语中“乌米”和“阿弥”同音有些关系。由此可见，乌米饭名虽为饭，但形状却为糕式。和道家不同，佛家的“阿弥饭”节时特性更明显。每年的四月八日是释迦牟尼的诞辰日，苏城各寺院也都以“僧家以乌叶染米作黑饭赠人”（乾隆《吴县志》）的形式来庆贺。

据老人回忆，以前在苏州，每年清明前后，上山采叶，捣汁蒸制乌米糕，可谓是“户户皆食之”。直到1949年后，这个习俗才慢慢地淡出了人们的生活。直到近几年，才又重新引起了人们的注意。木渎的方伟锋先生，是位热衷于吴地文化的有心人，为了将这曾在明清时期流行甚广的“乌米饭”习俗得以再传，这些年耗费了不小的精力和财力。蒙他盛邀，在他的“吴珍堂”内品尝到了由他综合古法复原出来的青精八宝饭。就制法而言，青精八宝的过程和其他的八宝饭大同小异，给人印象深刻的主要在用料。制作前，先将上山采摘来的乌饭树叶洗净，放在石臼中用木楮捣烂成汁，再将新香糯放入液汁中浸泡二十四小时，捞出晾干后再浸泡，如此几番后白糯即成了青精米。在八宝的选料上，方伟峰也作出了一些调整，优选进了白果、梅干、黄桃、脆梅、杏仁、樱桃等吴中山林特产，

所以，吃起来不但口感新奇，而且也更凸显出了青精八宝的地域特质。尤其值得称道的是，“吴珍堂”的八宝饭并非如通常的那样一大碗，而是分盛在一只只袖珍小碗中，这让人不由想起了梁实秋在《八宝饭》中所说的一段话：“从前八宝饭上桌，先端上两小碗白水，供大家洗匙，实在恶劣。现在多是一份小碗小匙，体面得多。”

2014年央视《舌尖上的中国Ⅱ》的热播，影片拍摄地“吴珍堂”所出的乌米系列大礼包，一夜之间成了2014年点心市场上的一个新亮点。“游木渎，品尝乌米饭”，也成了一句热门广告词。几年前就被列入非物质文化遗产传承人的方伟峰，也随之成了当地的一位大名人，这还真应了“有志者事竟成”这句老话。

酒酿：香浓醇馥人不醉

酒酿也是苏州人耳熟能详的一种传统小吃，它的清爽、香醇、甜美的味觉，一直以来都为人们所喜好，在《吴郡岁华纪丽》卷二有记："二月初旬，市人蒸糯米，制以曲药，造成酒酿，味甜逾蜜，色浮浅碧。担夫争投店肆贸贩，双榀肩挑，吹螺唤卖，赶趁春场，巡行巷陌。儿童游客，投钱争买，解渴充肠，润齐甘露。茶坊酒肆亦瓷缸满贮，小杓分售，以供游衍，至立夏节方停酿造。"由此可见，苏州习俗中吃酒酿的时间是在二月中旬到四月中旬，这和其他地方相比，具有很强的时令特征。

酒酿的原料很简单，只需酒药和糯米。也曾见过用常熟鸭血糯或是木渎乌米做过的甜酒酿，说实话，都不是很喜欢，前者甘津有缺，后者则是色泽有欠。酒酿的制作看起来也方便，先将糯米淘净后放入清水泡胀，然后上锅，可蒸也可煮，关键是干湿相当，软硬有度，熟后即用凉白开或者清凉甘醇的井水降下温，盛入洗净的藤匾中，用筷子拌开、分散，一面用手将酒药末散上去，一面用筷子迅速拌匀，然后盛入瓦钵内，中间用碗或杯子压出一个坑，密闭上盖子，放入草窠或稍大的木桶内，底及四周用棉絮、棉衣焐实，外面再裹以小棉被等，或者干脆就塞进被窝焐也行，苏州人常把这整个过程称之为“焐酒酿”。静候大约二十四小时，好闻的酒香味就开始出来了，开坛后，撒上一些糖桂花也就能吃了。整个过程看起来似乎不难，其实真要做出一钵好酒酿，还真是要有悟性或是天赋，民间有谚“酒酿、豆腐，呒人敢称师傅”，这话我认，因为经过数十次实践，证明不管我有多么用心，可焐出来的酒酿从来都比不过外卖回家的甜酒酿，更别说和隔壁阿婆家的酒酿相比了。

以前，除了一些粮站中有卖甜酒酿之外，比较出名的酒酿店大约也就是“王源兴酒酿”了，据说二百多年前就已经很出名了，二十世纪五六十年代起增加豆浆供应，店名遂也改称为“王源兴酒酿豆浆店”。真正专营酒酿的，大部分还是串街走巷的小贩。最先是挑担，后来成了自行车，前后担或是后架的左右侧，叠放着几钵甜酒酿，一路行走一路吆喝着：“酒酿，糯米……甜酒酿！”第一声“酒酿”要急促，“糯”后的“米”字要拖长音，最后的“甜酒酿”则要迅速得像是一个单音节，决然不能有半点拖泥带水。卖酒酿的都不带容器，卖酒酿必须要自带锅或碗，小贩根据客人的意愿，掀开钵盖，从钵中切下一方酒酿，然后放上戥盘秤，称出多少算多少，具体价格有些记不住了，只记得从来都是一次只买一毛钱左右，究其原因有二。一是酒酿的品质好坏出入甚大，在《吴中食谱》中就有警告：“酒酿以玄妙观中王氏所制，无酒气，荷担者往往贪利，购自他处，不如远甚。”虽说也有先尝后买的俗成，但那时候的苏州

人都好面子，尝了不买总有点像是在做亏心事，少买些也算是两全。二是买多了也容易造成浪费，因为酒酿的味道真是一天一个样。头天买回的吃起来甜津津，水漉漉，口感非常好；放了一夜就开始觉得发酸了，鲜洁度明显变差了；到了第三天，糯米吃在嘴里只觉得像空壳，汤汁倒是多出了不少，只是味道太过酸了，很难再咽下去；若是再要放下去，酒酿真会升格成“酒娘”。

在苏州，虽然甜酒酿具有很强的时令性，但用酒酿制作的各式点心却是一年四季里都有，这也是苏州人服食酒酿很有特点的地方。家居中常见的有酒酿潽蛋和酒酿圆子这两样，而店家利用酒酿制作的点心则还要多一些，并且还都是苏州点心中的佼佼者。著名的枫镇大面即为一例，先用酒酿卤来汤料，后用酒酿米粒洒在成面上壮色，堪称面中之经典。

还有一样点心也很有名，即苏州春天时令的传统名小吃“酒酿饼”。酒酿饼在苏州又有别称“救娘饼”，据说和元代末年的张士诚有关系。张士诚尚未发迹前，一贫如洗，又因官府缉拿而逃亡在外，老母也因此而几近饿死。某一天，张士诚背母乞讨至一户人家时，一位老伯感其孝顺，就用家中仅有的一些酒糟做成几个饼子送给了这娘俩，救了张母一条命。张士诚称王苏州后，便下令每逢立夏日，苏城便要人人都吃酒糟饼，并命名为“救娘饼”。直到张士诚兵败，朱元璋严令禁止苏州人的一切“讲张”行为，于是“救娘饼”也就演化成了“酒酿饼”，久而久之，也成了苏州人立夏节的一个习俗。说句玩笑话，这酒酿饼还真有点名不副实，因为不但馅里没酒酿，就是皮子里也没有酒酿，酒酿在饼子中所处

的地位，类同于馒头、烧饼的酵母，这种发酵的方法古时就有，袁枚的《随园食单》中就有这一说："用酒酿当酵母发面尤松。"因而我猜想，这才是酒酿饼之所以能在众多的点心中独树一帜的缘由所在。王稼句先生的《姑苏食话》中，对酒酿饼有一段很全面的叙述："酒酿饼，即以酒酿作饼，不仅可口，且兼具药性，能活血行经，散肿消结。旧时苏州以同万兴、野荸荠所制最为有名，其次是稻香村，品质柔软，颇耐咀嚼。酒酿饼品种有溲糖（糖粉）、包馅和荤素之分，包馅又有玫瑰、豆沙、薄荷诸品。酒酿饼以热吃为佳，甜肥软韧，油润晶亮，各式不同，故滋味也分明。苏式糕点有春饼、夏糕、秋酥、冬糖的大约时序，酒酿饼即是春天上市的美食。"

和酒酿饼异曲同工的还有曾经风靡一时的宫巷周万兴的米风糕，可惜已经退市多年。在民国年间的《苏州小食志》中，有一条记载："宫巷中之周万兴，年代亦悠久，专售米风糕者也。其糕质松而软，入口香甘，初出蒸笼时糕形圆大如盘，有欲零售者，切糕之法不以刀剖，而以线解，因其质太松故也。他种食品，如面风糕等，皆以热食为可口，唯此糕则反是，故独为夏日之珍品。至于制糕之法，据云以糯粳米各半，淘净晒干，磨为细末，更加酒酿发酵，入笼蒸熟即成。窃谓制法未必如此简单，或恐别有秘法，否则该店自开张伊始，何以从未有步其后尘，而与之争利者？近十余年虽略有数家与之竞争，然质料不如周店远甚。盖周店之糕，虽隔数天质略坚而味不变。他店之糕，清晨所购至晚则味变酸臭，不知是何原因。"民国十五年（1926）撰文的

《吴中食谱》中也有一段事关米风糕的趣事："宫巷周万兴，制米风糕甚有名，寻常米风糕不能免酵味，而彼所制独否，故营业颇盛。有某甲羡之，赁其邻屋以居，每夜穴隙相窥，得其制法甚详，乃仿之，亦设一肆以问售，顾买者浅尝，辄叹不如远甚，卒弗振。于是更窃考其究竟，则见其杂搀一物于粉中，不审何名，因弃去不与之竞，自是其肆生涯益盛。"由此见来，周万兴之米风糕也算曾风靡过一时。据说，后因"周万兴店主只有女儿，没有儿子，摆脱不了'传子不传婿'的旧观念，没有留下家传秘诀。抗战爆发前，女婿做出来的米风糕质量日降，终于收业关门"，这款点心于是也就失传了。

对于此说，我颇不以为然，十之有九又是文人好事而生出的一个玄虚。在翁洋洋等人编撰的《苏州传统食品》中就有一款松子米枫糕，它和周万兴的米风糕非常相似。"米枫糕，又名碗枫糕，是以甜酒酿为发酵剂的米粉制品，原是苏州同泰顺、同万兴的名特产品。特点是色泽洁白，呈半透明体，柔绵软糯，有咬嚼感。米枫糕主要原料为粳米粉、绵白糖、甜酒酿、松子仁、熟猪油和适量的小麦粉。"根据介绍，米枫糕独特之处在于发酵，先用小麦粉和酒酿调成厚糊状，发酵成酵头，然后和潮米粉、绵白糖各半搅拌成饭状，放置数小时后成二酵，再放入等量的潮米粉和绵白糖，用温水调成糊状发三酵，再经数小时，待面糊表面出现细纹即可将面糊灌入管状器皿中，分别注入小碗内，碗内预留出四分之一空间，留待第四次发酵成馒头状，最后按上三五颗松子，上笼蒸熟、脱碗冷却后即成松子米枫糕。另在记忆中还有一件事，当年苏医食堂内有一位特级点心师，名叫戴金生，他所做的一款面蜂糕也和周万兴家的很相似。应市的时间也是在夏天，放在案板上的糕也是一笼

一大块，上面撒了不少红绿丝。买多少，大师傅就拿着一把类似钢丝锯的竹弓切多少，切口的断面布满了孔洞，很像蜂巢。吃起来也是觉得凉的更加好一些。热的微微有点粘牙，似乎还有点酵味；凉的则是又松又软，入口就化，很是爽口。只是那时年纪还少，大约也就十一二岁吧，所以也没去注意吃下去究竟是米还是面，也没在意这到底该称“风糕”还是该叫“蜂糕”。

传说中周万兴的米风糕，距今已有近百年，而我记忆中的“蜂糕”味，也有四五十年了，所以这两款糕式是不是一家人，如今确实也难考证。前几日，为了寻找当年的感觉，几乎走遍了苏州的大小糕团店，可惜都没看见有得卖。也许是时令不对，当然也有可能是真的失传了。

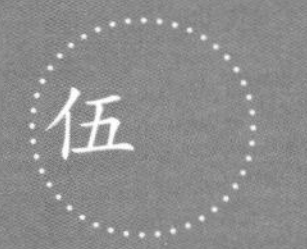
伍

流动的点心

——苏州人的市井美食

在苏州，还有着许多看起来选材单一，制作粗陋的传统市井小吃。它们很少能在店堂内出现，也很少有吃客把它们当作正经点心而端上餐桌，它们的出现似乎永远只能是在弄堂口的摊头，深巷的挑担。然而，在漫长的岁月里，这些貌似连名分都称不上的市井小吃，却是始终保持着它们顽强的生命力，一代接着一代诱惑着馋嘴的食客，而这一切恰恰正是源于它们亘古不变的草根性，市井里闾才是它们生生不息的沃土。时至今日，随着现代化、城市化的不断推进，认真研究一下这些传统市井小吃的生存空间，似乎越来越显得很有必要，而且也很迫切。

茶叶蛋：五香飘出的还有“喜”

“开春过后蛋当饭”，这是苏州的一句俗谚，意思说立春后的鸡鸭进入了产卵期，各种蛋类大量上市也就不值钱了。进入了这个时期，遍布苏城街头巷尾的各个蛋摊的生意也就随之兴旺起来了。

在苏州人的点心食单中，鸡蛋是一道很有分量的食材。五香茶叶蛋，就是其中的一道风景线。过去的苏州街巷弄堂口，随处都能见到这样的场景：一只小煤炉上炖着一口敞口锅，锅中不温不火地煮着喜蛋、茶叶蛋和香豆腐干，炉灶后一张小板凳，大多数情况下，板凳上坐着的都是一位中老年妇女，手上照顾着生意，嘴里则喊着：“阿要——五香茶叶蛋，热咯咯格茶叶蛋……。”对于卖蛋娘娘来说，大约全世界也找不到比这本钱更轻、周转再快的生意了。那年头的鸡蛋只有一种蛋，就是现今卖得特贵的那种草鸡蛋，深红色的蛋黄，黏稠的蛋清，一斤鸡蛋怎么说也有十一二个。早上掏出三四元钱，就能购进鸡蛋百十来枚，若是到晚能卖完，刨去本钱，一天下来也能赚上一两块钱，比起一般的工人，也不见得会差多少。对于吃客而言，大约也找不出比这性价比更高的点心了。四分钱，就能买到一枚茶叶蛋外加两块兰花豆腐干，热腾腾、香喷喷，有荤有素而且还管饱。

许多茶叶蛋摊还都兼卖着喜蛋。真正的老吃客走过茶叶蛋摊头不用

五香茶叶蛋就是苏州街巷弄堂口点心食单中的一道独特风景线

问，只要看见炉灶前摆放有三两张小板凳，就能知道这个摊头上还兼卖着喜蛋。因为茶叶蛋不论是站着还是坐着都能吃，但喜蛋却非得要坐着吃，仔仔细细才能吃出好滋味。

在清人所作的《随园食单补证》中有一条目："囮退蛋，蛋之囮而不成者，吴人谓之喜蛋。有成形者，有半成者，用酱油煮之极鲜。"此间"囮"字，极为冷僻。字典中音近"俄"，释义为"用来诱捕同类鸟的活鸟"，但用在这里，释义就应作为"化生、化育"的意思，读音也近"火"。联系上下文看，作者夏曾传所称的"囮退蛋"，应该就是苏州人常称的"孵退蛋"，也称"哺退蛋"，即孵坊中择退出来的没能孵化成活的鸡鸭鹅蛋。

所谓"喜蛋"，应该是它的嘉称，这也和江南一带习俗中常将"由卵而胎"称为"得喜"有所暗合。关于喜蛋的称谓，在周作人的《食味杂咏注》中也有一段文注："元方回诗曰，'秀州城外鸭馄饨'，即今嘉兴人所

營業寫真（五十六）
賣茶葉蛋（碩）
五香茶葉蛋。有甜也有鹹。最怕勿甜。又勿鹹。燒得勿好。滋味淡。淡而無味。不可吃。廿文一個。勿值得。應該賣蛋須改良。趕緊明朝換法則。

名之喜蛋，乃鸭卵未孚而殒，已有雏鸭在中，俗名哺退蛋者也。市人镊去细毛，洗净烹煮，乃更香美，以哺退名不利，反而名之曰喜蛋，若鸭馄饨者则又以喜蛋名不雅而文其名，其实秀州之鸭馄饨乃《说文》毈字之铁注脚也。”

和嘉兴人稍有不同，苏州人的喜蛋更偏好于鸡的蛋。素以“鸡喜”为上，“鸭喜”为中，“鹅喜”则以肉质粗糙而居最下。姑苏耆老范烟桥曾在《鸭馄饨与喜蛋》中说道：“然鸭之风味不及鸡也。域尝名之曰‘玉雏团，当约同志赋之’，此则江浙间所食之喜蛋，俗称孵坍蛋者是。”由此可见，江南以喜蛋入点心的历史，至少能上溯至六七百年前，而且历久不衰。

喜蛋的品种，除了鸡鸭鹅之分，喜蛋还有全喜、半喜和浑蛋之分。全喜是基本孵化成形的小鸡的鸡蛋，有些甚至羽翼丰满，说是吃蛋，其实更像是在吃鸡。半喜则属半成形，小鸡头颈和腿爪都已能见，而身体还是一个囫囵的蛋黄，有些甚至只是一个硕大的蛋黄，脏腑处于成形与未成形之间，上面分布了很多细小的青红血管，故而又称为“大黄半喜”。这种蛋受欢迎程度最高，有肉有蛋，而且肉蛋一体，吃口既绵又软，拿筷子头“挖”一点，放入嘴里，就着汁水一抿，咸中带鲜，不用咀嚼，它自己就能落胃。食罢，蛋黄皮（胞衣）囫囵，可吮，余味隽永，让人欲罢不能。清人谢墉曾有一段很形象的叙述：“喜蛋中有已成小雏者味更美。近雏而在内者俗名石榴子，极嫩，即蛋黄也。在外者曰砂盆底，较实，即蛋白也。味皆绝胜。”

喜欢全喜的人也不少，而且喜欢吃全喜的人中间，居然还是女性为多。令人大跌眼镜的是，有几位平日里看见蟑螂爬过都会惊出声的娇小姐，可一端着放着全喜蛋的碗，一个个都会眼睛发亮，手撕骨，嘴吮毛，这等吃相只怕十字坡的孙二娘见了也只能自叹弗如了，一口气能连吃五六只者，从来就不在少数。更有甚者，不但非全喜不吃，而且还要吃那些发育良好，至多还有三四天就能破壳，俗呼“活喜”的蛋，这听起来好像有点残忍相了。所幸，享有这种特权的人不算多，因为再过三四天，出壳成活的雏鸡总比卖蛋赚得多一些，这笔账孵坊的老板还是能算明白的。相比之下，浑蛋最为差劲，之所以能成浑蛋，一类是压根就没受过精，另一类则本来就先天不足，进孵箱连着几天烘烤，基本上就和变质的鸡蛋差不多意思，吃起来蛋白、蛋黄咬口石硬，嚼之成滓，几不能咽，实在是不敢恭维。所以，价钱也最便宜。

要说苏城喜蛋这道风景线的式微，应该和市民不断改变的卫生理念有着很大的关系。不爱吃喜蛋的人往往会觉得，既然完成不了孵化过程，那么这些蛋不是带病便一定是带菌，因而食之必然有害。不能说

这样的认识不对，但也不能说这样的说法一定就全对。早年，我曾在苏州葑门口的一家孵坊中参观过，对喜蛋的生产过程多少有一点感性的认识。

首先，选用的蛋种都是新鲜优质的受精卵，民间俗称为“踏雄蛋”。其次在二十一天的孵化期内（鸭需二十八天，鹅为三十一天），还要经过头照、二照、三照的筛选。所谓“照”，其实就是用肉眼对着灯光检视蛋种的发育情况，很大程度上依靠的是孵坊师傅的经验。头照一般是第五天，这时剔除出来的即为不能孕育生命的“浑蛋”；头照后第五天再要照一次，称作为二照；若干天还要做一次三照。二照、三照剔除出来的即为“喜蛋”，发育不完全的种蛋称“半喜”，夭折在种蛋内的雏禽称“全喜”。另外，整个孵化过程也是件极细致的事，二十一天内要经下料、翻蛋、照蛋、上摊、抢摊等流程，而整个过程中温度、湿度乃至光照都有讲究，任何一点不到位，都有可能造成孵化不良的结果。因而，形成喜蛋的原因，并非都是因种蛋非病即菌而造成。而且，即便是剔除出来的种蛋也都新鲜，每到开春季节，每一家孵坊的喜蛋都是热销货，往往是孵缸师傅还没照完蛋，孵坊门前早就有人在等着喜蛋出来了。另外，喜蛋的烧煮也讲究，老汤老汁文火煨上一两个小时，这样吃起来，不但味美，而且也更卫生。所以，我对那种吃喜蛋会吃坏人的说法，向来都抱不以为然的态度，只是遗憾，不知如今还有哪处有孵坊，哪处还有兼卖喜蛋的五香茶叶蛋摊。

水潽蛋，都以甜味为主，冬天多放几粒桂圆，夏季则放一些酒酿

在一般的家庭待客之道中，一道水潽蛋也算是经典之作了。水潽蛋，多称“水铺蛋”或“水浦蛋”。但我还是觉得“水潽”的叫法最为形象。潽，字典中释义为“液体沸腾溢出”，而水潽蛋的做法也正是如此。先将冷水烧沸腾，然后打入鸡蛋，这时必须要转小火，否则蛋花激起的泡腾，不但会将锅边“潽”得一塌糊涂，而且煮出来的鸡蛋吃口也显枯涩。

通常情况下，端出来待客的水潽蛋，都以甜味为主，冬天多放几粒桂圆，夏季则放一些酒酿，据说是为了图一个甜甜圆圆的口彩。普通客人的碗里两枚蛋，若是贵客则一碗中要放四枚。说实话，这种口感，我至今仍不是很适应。相对而言，咸味的水潽蛋要好吃一些，清汤中洒上一些葱花，滴上些许麻油，至少还能有个赏心悦目的感觉。当然，清汤里再放些虾皮、紫菜、肉松之类的，那就更好了。

水潽蛋的做法看似简单，但真要做好却也很有讲究。首先鸡蛋要新鲜，沾壳散黄的鸡蛋都不能用于水潽蛋。若是从冰箱中取出的冷藏蛋，最好在常温下放上一段时间，待其蛋黄充分软化开，直接下锅，则会使得蛋白过老而蛋黄未熟透，这样吃起来，口感自是大打折扣了。其次是打蛋的时候手法一定要利落，否则碗沿碰着了蛋黄，做出来的水潽蛋也就不成形了。清水烧沸后，立即转小火，将鸡蛋打入后，便见丝丝蛋白在水中轻轻摇曳开，稍后又见蛋清成白，将蛋黄包裹住，待到原先沉在锅底的鸡蛋浮出水面，再待其煮沸三十秒左右，出锅盛碗，一碗氤氲雾气下透出淡淡清香的水潽蛋也就成功了。

一枚鸡蛋也能吃出这么多的花样，苏州人吃的本事，不知阁下以为如何？

豆腐花：令人难忘的那一声吆喝

美食，都有一个共性，那就是它不仅能给人带来感官上的享受，而且还能勾起人们心底深深的回忆。哪怕是在许多年后，人们的口感偏好发生了很大的变化，或者说是由于生活理念的变化，曾经爱过的吃食如今觉得它是那么的不卫生，那么的不健康，当再次遇见的时候，它也再不能激起你的食欲了。然而当你一想起当年的那些感受，虽然会有遥远的时空感，但内心涌起的亲切感，会让人觉得越来越浓，真正的美食就有这样的魅力。

在我的印象中，豆腐花大概算是苏州小吃中最不登大雅之堂的了。自它问世以来，一直就被定位在了巷口街边，而在文人的笔触下，更是难能一睹它的印迹。然而，在许多苏州人心目中，不登大雅之堂的豆腐花始终是最具风情的一样姑苏小吃。

过去经营豆腐花的往往都是沿途叫卖的小贩，而全部家当也只有一副不算精致的“豆腐花担”。挑担的前担由台面、汤锅、炉担座和玻璃镶嵌的半六角形立体调料座等组成。前担子箱子中间开个洞，放一只汤锅，底下有一只烧炭基的黄泥炉子，那豆腐花所用的鲜汤就在里面慢慢地温着。汤锅后摆着一叠青边碗；汤锅前的玻璃架上，则是五颜六色的榨菜末、金针菇末、碎木耳、虾米、蛋丝、紫菜、味精、青蒜、白糖以及

上图：不论大人、小孩，都捧着大碗豆腐花当街而食，摄于二十世纪三十年代

下图：流动的小吃担，炉子、柴爿、锅子、碗盏、作料、汤水等一应俱全

營業寫真

俗名三百六十行（六十一）

賣豆腐花（頌）

豆腐製自淮南王。又有腐乾又有漿。雪白更有豆腐花。絕嫩滴滑堪充腸。賣此之担兩頭熱。千百担中衹有一。直堪妙譜入無雙。物以担傳稱獨絕。

（豆腐花担一頭以木桶置豆腐花一頭以炭火燉醬油兩頭皆熱與別種食物担獨異故云）

蘭蓀

食盐等配料，讲究一些的还有肉松和火腿末。后担则是一口圆木桶，高约六十五厘米，直径约为五十厘米，木桶内有一只大口的瓮头，瓮头里装得都是雪白绝嫩的豆腐花。瓮头上有一只盖头，瓮头与木桶之间用旧棉絮紧紧地塞住，就像一只特大号的保温瓶，目的是使豆腐花不会很快冷掉。木桶上面还有一个木头做的盖子，在没有人来吃豆腐花时可以当凳子坐。有人觉得这不是没事自找麻烦吗？即便是豆腐花冷了，回锅烧一下不就成了么。其实不然，由于豆腐花质地嫩，一烧滚，水分就会被析出，豆腐花不仅口感变老，而且还容易碎成一锅汤豆花，这样就了无意趣了。

小贩就是挑着这样的担子，穿行在苏城的大街小巷中，边行边拖着长长的尾音吆喝着一个音“碗……”，这大概是在所有的吆喝声中最简约的了。关于这一字之吆喝的形成，王稼句先生在《姑苏食话》中曾有详解：“叫卖声只有一个字‘完’，拖音到自然转为‘安’音才收住。这里的‘完’，或许就是‘喂’，算是一种招呼，然要比‘喂’婉转平和；也可能是‘碗’，原来这叫卖的吆喝是‘喝碗豆腐花’，‘喝’字叫得短促，‘碗’字叫得悠长，‘豆腐花’三字叫得轻而快，渐渐就省去了。”在苏州方言中有句缩脚语，叫作“豆腐花——完”，或可见得，这一声吆喝在苏州人心目中的地位了。

不但是好听，而且还好看。遇见有客来招呼，小贩一侧身停下担，一手拿起一只青边碗，一手则拿着一柄薄薄的铜片勺，将雪白的豆腐花一片片舀入汤镬中煨一下，随即盛进碗，捏起两手指，快似鸡啄般地在豆腐花上加入榨菜末、虾米、蛋丝、肉松、蒜叶、香葱等作料，喜欢吃辣的，还可加点辣油和胡椒粉，须臾间，一碗热气腾腾的、色彩斑斓的豆腐花就能端给客人了。

当然，豆腐花的美味也离不开汤水的贡献。在苏州，根据不同的季

豆腐花是黄豆从豆浆到豆腐中间的一环，既有豆腐的鲜美，又有比豆腐更嫩更滑的口感

节，豆腐花还有清汤和浑汤之分。而所谓的清和浑，其实汤料都是一样的，唯一的区别就在于浑汤中加入了菱粉，勾出了一层薄薄的芡，因而在秋冬季节更容易保温，吃口也觉滑润肥腴。春夏时节则是以清淡爽口为贵，因而多以清汤应市。除此之外，豆腐花的调料也是构成美味的要点，其中尤以酱油最重要。那时的苏州酱油没什么老抽、生抽之分，评价酱油的标准就如袁枚在《随园食单》中所说的："苏州店卖秋油，有上、中、下三等。"而上等的"秋油"则是自立秋之日起，第一夜起露日从酱缸中抽出的最上层酱油，所以味道最鲜美，色泽也最为清淳。即便是这样，出摊时所用的酱油还需经过熬制，如若说细心的客人看到了一粒粒小黑点，千万不要喊出声，那说不定就是摊主熬制酱油时加入的虾子。现熬

的酱油要置在小炉灶上，丝丝作响，自始至终都冒热气；而葱花则要用香葱切成极细极细的末，预先勾兑成糊状，一遇上热气便葱香四溢；小虾米只只闪亮，不能有任何一点杂质，辣椒油则选用尖头辣椒熬得又鲜又辣还要出香味，最好要让客人吃出一身汗。如此这般的用心，这一碗姑苏豆腐花，味道还能有错？曾见有人盛赞豆腐花："虽然洁白细腻的本色，同时更能感触到它的丰富多彩，也能五彩斑斓的调色，调味入口即化，暖胃润肠，男女老少都能接受。它的鲜美，它的平易近人，完全是平民品格，然而与世上不少美味相比，它又毫不逊色，它为苍白平淡的生活，送去斑斓的色彩、美味的期盼；它为寻常的人生，增添美好的念想。"如此盛赞确非言过其实。

品尝豆腐花，最要紧的就是要吃得"烫"，冷了味道便大打折扣。也许正是因为这个原因，当挑担摊食这种经营方式越来越不适应现代城管理念时，豆腐花一度也曾退出了人们的视野。所幸最近几次上饭店，我又多次见到了它那雪白的倩影，印象比较深刻的是当年陆文夫先生始创的老苏州茶酒楼的木桶豆腐花。虽然他家的豆腐花是用豆粉现冲的，而且还是用内酯点的卤，配料也不如摊头上那么有讲究，但对于老苏州人而言，若是有意要回味经典小吃，那么去老苏州茶酒楼点一份木桶豆腐花还是一个不错的选择，三十八元一桶也够十个人分，说起来价钱也不算贵。

所谓"豆腐花"，其实就是黄豆从豆浆到豆腐中间的一环，熬成了浓汁的黄豆液叫豆浆，点上盐卤后的凝结物即为豆腐花，经过挤压脱水后才是真正的豆腐。由于是中间的那一环，所以豆腐花既有豆腐的鲜美，又有比豆腐更嫩更滑的口感，同时也更多地保留下了豆浆的香味，因此成为豆腐小吃中的佼佼者。

在豆腐类制品制成的小吃中，豆腐浆也是很结人缘的小吃。过去的大饼油条摊一般都兼卖豆腐浆，“大饼油条豆腐浆”历来是江南人早餐的经典组合。最近读了一篇《张爱玲的软饭》，作者二毛说道：“我的吃法是，第一根一口油条一口豆浆，第二根则泡进豆浆中，完美收藏，而且豆浆里要稍微放一点儿糖，一可以压豆浆的豆腥味道，另外可以让油条在豆浆中更香。我也试过用稀饭配油条吃，结果是油条失去了原有的精彩口感，而稀饭也变得油腻不合口。所以豆浆和油条是天作之合，佳偶天成，而油条稀饭就是父母之命的包办婚姻。”读来颇为有趣。不过，大饼店所售的豆腐浆终究还是单调了一些，许多老吃客还是喜欢光顾那些专营豆腐浆的点心店。过去玄妙观里的王源兴酒酿豆浆店，现今位于阊门的姚记豆浆店都是苏州很出名的豆浆店。在这些店家里，豆腐浆分有甜、咸两大类：甜的品种多以淡浆加白糖居多，高档的也有添加杏仁、松子、桂圆等为辅料；咸浆的品种则要多一些，吃得讲究，可用火腿、肉松、开洋等做辅料。但我还是偏好油渣和虾皮做辅料。吃的时候，师傅在宽口浅底的蓝边碗里，先放上一勺酱油一撮虾皮以及一小滩榨菜末，热锅中舀上一大勺滚烫的热豆浆，飞倾入碗中，随即洒上一小撮细葱花，然后才是根据客人的口味将油渣撒在豆浆中，即泡即食，鲜香兼备，风味确实非同一般。

用豆腐入小吃，还有一道虽不登大雅之堂，且还“臭名远扬”的油氽臭豆腐也非常受人欢迎。著名女作家张爱玲就很喜欢这道小吃，她在《公寓生活记趣》中曾说道：“听见门口卖臭豆腐干的过来了，便抓起一只碗来，噔噔奔下六层楼梯，跟踪前往，在远远的一条街上访到了臭豆腐干担子的下落，买到了之后，再乘电梯上来。”另在吴凤珍的《巷口有个臭豆腐干摊》中，也有一段很有趣的记载：“五六十年代，每逢夏秋之夜，苏州街头常有臭

“大饼油条豆腐浆”历来是江南人早餐的经典组合

豆腐干的担子挑过。‘油余臭豆腐干……’那悠悠的、袅袅不绝的叫卖声和随风飘来的臭味，令人垂涎三尺。除了这些行担外，大街小巷的闹市口还有一些固定的摊子，有的摊子还在周围住家中有一点‘臭名气’。古城上空或浓或淡地飘荡着这股臭豆腐干的特别臭味，着实撩人！苏州人家最喜买几块以佐晚餐，夏日里吃这些臭物，反倒顺气开胃通七窍。油余臭豆腐干成了苏州夏日时一道臭美的风景线。”

可惜，随着近些年来人们对食品安全的担忧逐渐增多，一说起臭豆腐干就不由自主地会联想到地沟油、化工添加剂等名词，因而常常也只能对着这道以“臭美”著称于世的小吃望而却步了。

豆豆：一粒粒串起的一道道风情

如果说各类小吃是美食中的草根，那么用来制作小吃点心的各种豆豆，无疑就是草根中的草根了。它既不像米面那样受人依赖，更不如菌蕈那样受人珍惜。无论是黄豆、毛豆，还是蚕豆，在人们的日常生活中，始终都处于一种可有可无的状况。然而，当它们一来到善于治家的苏州主妇手上，它们给人留下的爱意，丝毫不亚于菌蕈和虾蟹。笋豆、熏青豆、毛豆干、油氽青豆瓣、三把盐炒豆、赤砂豆、糖豆瓣、焐酥豆等一连串的豆属小吃，留给人们的同样还是嚼不尽、尝不够的津津有味。

笋豆，应该是最具老苏州特征的小食之一，也有人把它看作是每年春笋季节的收官之作。因为这时春笋临近退市，价钱相对最为便宜，而时令又将入夏季，日照充沛且空气湿润，这种天气下晒出的笋豆，才会有闻起来香喷喷、嚼起来韧赳赳的，干中带汁、咸鲜可口、酱香浓醇的好滋味。

笋豆制作看起来不难，但也并不容易。先将买回的笋脱壳煮熟，切去老头，用手撕成条后切成骨牌大小的块，再与浸好的黄豆一起放酱油、盐、糖、桂皮、八角和干辣椒大火烧开后转中火，煮到豆子酥软，笋子吸饱汁水，小火收干，然后就是放在铺了一层白纸的匾中，放在太阳下面晒，等到豆衣起皱，笋干透出了蜜色的光泽，摸起来也不觉黏手了，收拢后放入纸袋，扎紧口，存入石灰甏，想吃时抓上一把，堪称孩童时代的最佳伴侣。

秋天，则是制作毛豆干的最佳时节。这时的“稻熟毛豆”品质为一年中最好。买回毛豆后，先摘去带病带虫的瘪豆荚，稍稍漂洗一下，连荚丢入盐水中煮，煮熟后捞出摊放在竹匾中，好太阳下要不了三五天，坚硬如珠的毛豆干就算成功了，虽说看起来是黄中透黑，一点卖相也没有，可满口的清香以及越嚼越有滋味、嚼得腮帮子发酸也舍不得放下的诱惑，使这道极其简单的小吃，成为平民小吃中的一道经盛不衰的经典。以至于有些爱它爱得放不下的人，常常还会在没有青毛豆的季节里，干脆就用黄豆来替代，晒上一些“酱黄豆”，虽说没有青毛豆的清香，但嚼起来更具肉感，另是一样滋味。

也许是“毛豆干”实在太过平民化了，所以店铺都不愿意卖。店家宁可出卖制作起来烦琐得多、成本也高出许多的“熏青豆”。熏青豆的原料也用“稻熟毛豆”，讲究一些还要精选带有紫色的新毛豆，烧煮的时候不但放盐，还要放些糖和味精，煮得烂一些，出来的青豆更入味。烧好后，平铺在细铁丝网上，用砻糠烟火慢慢熏上老半天。熏青豆的品质好坏，烟火的控制是关键，既要熏得出色相，又不能带有烟火气，过程中还得经常轻轻翻动青毛豆。不温不火不着急，慢工出来的细货才是上品。还曾听人说起过，炭火最好要用晒干后的毛豆秸秆，这样熏出的青豆，豆香更浓馥。由此而想起，当年曹植“煮豆燃豆萁”不知是不是就是在做熏青豆？家里自做，当然没有这条件。我家的办法是把煮熟后的豆放在吊篮中，然后挂在背阴通风处让它自然风干。这样出来的豆虽称不上

寿

是熏，但味道却是一点不差，只是成品的产量有点低。那时家中小孩多，常常是走来走去时顺手抓一把，有事没事时也随便抓一把，往往还没等到青豆风干，吊篮里已所剩无几了。熏青豆的味道确实很令人回味，粒粒利索，色泽爽然，一粒入口，韧劲十足而且一点也不粘手。在过去的老茶馆里，常能看见一些一孵就是大半天的老茶客，茶水边都放有一碟熏青豆，喝上一口茶，嚼上几粒熏青豆，看上去很是享受，等到觉得茶水变淡了，索性丢一把青豆在茶杯中，汤色又现碧青色，也算是旧日茶馆中的一道风景。作家叶灵凤曾写过一篇散文《采芝斋的熏青豆》，文中盛赞这道貌似滋味淡泊的苏州小吃为“粒粒如绿宝石，如细碎的翡翠”，并说：“嚼着微硬的熏青豆，我想到田野，想到江南，想到家乡。这种清淡的滋味，只有民谣山歌一类的文艺作品可以与之相比，这时的鱼翅牛扒之类，仿佛都成了俗不可耐的俗物了。”

清明前后，油光碧绿的油氽青豆瓣也是苏州人的一道时令小吃，无论是下酒还是早上过泡饭，油氽豆瓣都是热销货。氽豆瓣的蚕豆可选用剥开后不见泛黄，而炒着吃又得吐壳的那种老蚕豆，一般来说十斤蚕豆，剥去豆荚和豆皮还能有八九两豆瓣的最为合适。过分嫩的不但剥不出，而且氽出来后口感也未必很好。剥出豆瓣后，不可以马上起油锅氽，最好先在清水里浸泡一两个小时，先让豆瓣吃饱水，氽出来的豆瓣才能既松又脆，否则口感就会觉得有些硬。油氽时，先将泡好的豆瓣沥干水，再用厨房纸吸干一些表面的浮水，倒入冷油锅中氽，油要浸过蚕豆。加热时，油温不能过热。油温过热的话，蚕豆外面焦了，里面还有水分，就不脆了。随着油温慢慢升高，蚕豆的水分也慢慢蒸发了，当氽至尚有微徐水汽时，就可以熄火了，油温的余热继续让蚕豆中的水分蒸发。这时，用筷子搅动，可听到已经发脆的蚕豆撞击锅子的声音。全部冷却以后，沥去油，将氽好的豆瓣储藏在密封的容器内，随吃随取。全过程中都不能加入食盐，否则容易还潮发软，全部心血就白费了。吃的时候，再加盐颠匀才是正道。也许因为油氽青豆瓣实在有些麻烦，而且品质也很难得到保证，所以临到应市时，大多数人家还是选择去店家买一些尝新。

利用蚕豆做出的小吃，名气最大的无疑是奶油五香豆。不论以前还是现在，基本上家家炒货店里都能看到它的身影，只是不知从什么时候开始，奶油五香豆就打上了上海老城隍庙的印记，以至于人们都认为，奶油五香豆似乎不算苏州小吃之一了。类似的情况还有一种雅称为兰花豆的油氽蚕豆，清代苏州文人尤侗有吟《兰花豆》曰："本来种豆向南山，一旦熬成九畹兰。莫笑吴侬新样巧，满盘都作楚骚看。"虽说也和奶油五香豆一样，所有的糖果店、炒货店里都有卖，可奇怪的是，几乎在所有食评文章中，往往都把它归类在了无锡的土特产中。

兰花豆的取材，新豆、干豆都可以，如果选用当年的新蚕豆，只需挑选出颗粒饱满、大小均匀、完整无损、没有霉点黑斑的蚕豆后，用水淘洗干净，除去杂质就可以了；干蚕豆则在此基础上，还需入清水中泡发一两个小时，以便让蚕豆皮吃水膨胀透，然后剥去蚕豆黑线头处约三分之一的皮。以前在老家无锡的街头巷尾处，常常能看到承接炒货店外发加工的妇女在剥豆，先用齿尖轻轻咬出一道口子，然后指尖一弹，豆皮就剥去了。也许这样的加工形式不太雅观，听说后来就改用小刀切一道口子就算开花了，雅倒确实是雅了，可油氽后的豆形总还是觉得不如记忆中的好，尤其是一包豆吃完后，袋底留下的那一摊碎豆皮，多少还是让人觉得有些扫兴。豆剥好，再用清水漂洗一下，沥干后即可入锅油氽。油氽的过程和氽青豆瓣差不多，也是放入冷油后慢慢加热，直到蚕豆干脆出声即可，捞出后，撒上打磨成粉的砂糖、花椒、五香、胡椒、辣椒和盐等多味调料，装袋密闭在石灰甏中，至少能储藏几个月，酥、脆、香的口感一点都不变。

有趣的是，留在苏州人印象中最为深刻的却是那个名为“三把盐炒豆”，一身清脆响亮的“刮啦啦咯山北盐炒豆，勿松勿脆勿要铜钿”的吆喝声，至今仍为年事已高的老苏州人没齿难忘。很显然，这种小吃的发源地不像在苏州。首先是在炒货店里众多的蚕豆品种中，从不曾有过盐炒豆的身影；其次是它的称谓到底该叫三把、三北，还是山北，至今我也没在老苏州人口中得到过定论。相对而言，我偏好“三把”这称呼，因为印象中买它的时候，递上三分钱后，小贩在黄纸三角包中勺入的盐炒豆，基本上都是三调羹。三把盐炒豆之所以能常驻老苏州记忆中，应该归于它特有的市井风情。比三把盐炒豆幸运的是赤砂豆，差不多的制作，差不多的硬脆，只是口感上淡了一些，人们就常常能在店铺中看到赤砂豆的身影。

兰花豆的取材，新豆、干豆都可以，如果选用当年的新蚕豆，只需挑选出颗粒饱满、大小均匀、完整无损、没有霉点黑斑的蚕豆

干蚕豆也是爆炒米摊上的常客，也是许多老苏州人一个永远抹不去的记忆。一副挑担，一头载着一副风箱，一头则是形似炮弹的爆米炉，缝隙处斜插着一条旧麻袋的市井风情，更是苏州城里城外一道亮丽的风情线。别看它简陋，多少年里，许多好吃的苏州小吃就是出自于这副挑担，爆米花、玉米花、年糕片、爆蚕豆、爆黄豆、炒米糕，当然还有我最喜欢吃的爆发芽豆。关于发芽豆，叶灵凤先生的《蚕豆食谱》中写道："将蚕豆干浸水，使其发芽，然后再煮了吃，称为'发芽豆'。这是江浙人家的家常食谱。休小看这一样菜，我认为'发芽'这手续是极为重要的。最初发明这样菜的人，一定是天才。因为经过这手续，蚕豆的滋味和营养价值都提高了。"如果说叶先生的"天才论"确实有道理，那么我觉得发明"爆发芽豆"的人当之无愧为天才中的天才。买回水发成了的发芽豆，然后再将其晾晒成干豆，再在爆米炉中加热和加压，随着一嗓门"响……喽！"的吆喝声以及紧接着的"碰！"的一声爆破声，一筐膨松鼓胀的发芽豆就算正式问世了。抓一把慢慢吃，又松又脆，还有一丝甜津津。尤其是那露出的一缕芽，又香又鲜的口感，使人不由想起了发芽豆的雅称——"独角蟹"。如果不凑巧，爆炒米摊来时家中正好没有晾干的发芽豆，那么索性就拿干蚕豆爆，出来的效果也很好，松松脆脆，尤其适合老人和孩子。

不由生出一丝惋惜之情，如今的各类小吃中，豆类制品的地位一年不如一年，偶尔也能见到有卖兰花豆、美国青豆之类的小吃，但总觉得色香味形都和当年所见所吃的不同，也不知是不是由于年岁久远导致了记忆的失真。

汤品：小吃中的“四大汤王”

历代的文人都好事，凡事都喜欢弄个什么“十大”、“八大”，其中又以“四大”为最多。权且也作一次附庸，将苏州城中的油豆腐线粉汤、咖喱牛肉汤、鸡鸭血汤和藏书羊汤也冠以姑苏小吃中的“四大汤王”吧。

也许有人不以为然，小吃本性最为草根，没必要也去搞什么“几大”的排序。此话只能说对了一半，这和超市里的卖两元钱一瓶的矿泉水，进了五星级酒店，至少也得卖到三十元的道理是一样的。就其本质而言，摊贩上的小吃和五星级酒店盅汤都一样，而受人欢迎的程度反倒是有过之而无不及。

汤品，在苏州小吃中，也占有很重要的地位。只是品种相对较少，常规的也就油豆腐线粉汤、鸡鸭血汤、咖喱牛肉汤这几样。

记得以前买油豆腐线粉汤的多为走街串巷的挑担，前面是炉灶，上面一口深锅总是热腾腾地冒着热气，后面则是一副竹头架，一个大格里是焯过了水的油豆腐，另有一只杉木桶里浸泡着雪白的线粉。听得有客人招呼，摊主停下挑担，当街操作，盛进碗里后，客人也是当街吃，虽说有些不雅观，但也自由自在挺让人怀念的。油豆腐线粉汤的操作有些像是现在常见的麻辣烫。一口大锅，不温不火地熬着鲜汤，一块铝板将锅一分为二，一半用来煮油豆腐，一半用作烫线粉。客人点买后，老板就将事先焯水去除了豆气的油豆腐丢入锅中先煮着，然后抓一把线粉放在锥状的漏勺里，放入锅中烫一下，倒入碗中，再拿起剪刀夹起油豆腐，一剪两断掉在线粉上，接着在碗中浇上鲜汤，撒上葱花，淋上麻油就成了。若是客人喜欢吃辣，挑担上备有辣火酱，多寡自便。以我的经验，单吃油豆腐线粉汤实在没什么意思，主料是极其平常的线粉和油豆腐，而汤水也绝不会像面馆中的老汤那么讲究，因为一碗油豆腐线粉汤贵的也就卖五分钱，小贩怎可能在汤水中下大本钱？所以一定要加上一只肉百叶，吃的时候，小贩会将肉百叶剪成几段，这时候，肉百叶中肉汁混入了汤水中，原本看来的清汤寡水即可提鲜千百倍。加买一只肉百叶，称作为“单档”，加买两只的自然就成“双档”了，这也是单吃油豆腐线粉汤的最高境界了。如果是在店家中吃，那么就不必玩什么单档、双档了，干脆多花几分钱，加配一客生煎，一口馒头一口汤，清汤不觉寡，肉馅不觉油，相

油豆腐线粉汤

得益彰，天成美味。

相对而言，牛肉线粉汤的身价要高得多，虽然也都是平常小吃，但它却始终享受着登堂入室的待遇，与其相配的也多以牛肉锅贴、水煎牛肉包以及两面黄之类相对高档的品种。牛肉线粉汤的味感在于汤，而精妙之处全在于后厨那锅原汁老汤。熬制老汤的原料有牛骨、牛腱以及牛杂碎等，熬制的方法和苏州面馆中的熬汤很相似，也是微火慢熬，越老越鲜，只是吊汤手法有些出奇，先用牛血来吸附汤汁中的浮沫，然后再滤清，所以出来的老汤的味道不但汤水清醇，而且味道更香更鲜。每天开市前，师傅都会按照配比，用老汤、清水、咖喱等调好第一锅汤。有些不明内情的客人常会对汤锅上的那只水龙头产生误会，以为吃到后来，店家就用清水、咖喱来蒙事了。其实不然，维持汤锅中的鲜美，主要还是靠分批添入的老汤。由于咖喱本身就是利用各种香料调出的调料，不同的配比会生出很多的种类，色有红、青、黄、白，味道也是各有差异，因而汤中所用咖喱的品质往往也决定了牛肉线粉汤的特色。过去苏州售卖牛肉线粉汤的店家也有不少，但我一直喜欢位于太监弄里的伊斯兰清真馆的那一碗，汤清味醇，鹅黄嫩色，尤其是飘在面上的几片牛肉，要比别家店的厚，味道也来得更纯正。

在我童年的记忆中，印象最深的还是那碗鸡鸭血汤了。当然，那汤和现在满街都是的“金陵鸭血汤”并不完全是一回事。小时候一到家中有杀鸡宰鸭时，我就会充满了期待，等待着喝血汤。原汁原味的老母鸡汤，面上飘散着黄澄澄的鸡油，绿油油的小葱花、雪白的粉丝间，游动着切成形的鸡肝、鸡心和鸡肫丝，拿起调羹轻轻一翻动，一粒粒嫩黄色的鸡卵，便伴着一股香味浮现在氤氲雾气中。一勺舀起鸡鸭血，晃晃悠悠欲滴出水。由于宰杀放血时就已经添加过了盐水，一入口，舌尖便觉一股咸溜溜的鲜味直奔喉咙口。这等色香味形，如今街面卖出的鸡鸭血汤谁

家能比得了?

嘴馋的时候，偶尔也会上街去喝鸡鸭血汤，可从来就不曾有过一次喝完的。一只大碗倒是挺扎实，可是木瑟瑟的塑料手感先让人觉得不舒服；筷子一搅，内容确实是不少，有粉丝、干丝、青菜，甚至有几次我还吃到过白菜和包菜，可唯独就是缺少了鸡杂和鸭碎；汤水里鲜味也算有，可闻一下香味就知道里面放了不少鸡精、味精之类的增鲜剂，最让人心里觉得不踏实的是报纸电视中还常常曝光无良商家用猪血替代鸡鸭血。其实我觉得现在的一些店家也不用这么抠，要做出一等的好滋味其实在用料上也多不了几个钱。以前我家巷口有一家夫妻老婆店，他家的鸡鸭血汤味道就相当不错。店面前放着一口深腹铸铁锅，中间用铝皮隔开，一半作为吊汤用，里面放的都是不值钱的鸡头、鸡脚和鸡壳子；另一半则用来烫血。遇见客人光顾，老板就拉开桌上的玻璃柜，指着一摊摊心、肝、肫、肠和小蛋黄让客人任选其中两样，然后将鸡鸭血、鸡杂以及线粉等辅料放在这一半锅中烫熟，盛进碗中浇上汤，淋上几滴鸡油，再撒上一些葱花和胡椒粉。尽管用料都是些下脚料，但毕竟是老火里熬出的老汤，故而吃起来有滋有味，和家里的相比也属另有一功。另据我偷窥，他家的血汤之所以味道出众，应该和汤锅里的那几根猪光骨有着很大的关系。

说起鸡鸭血汤，二十世纪七十年代还曾流传过一个趣谈。说是西哈努克亲王和莫妮卡公主访问苏州时，在品尝过了用塘鳢鱼的两片脸颊肉做主料的“雪菜豆瓣汤”后，对苏州美食赞不绝口，意犹未尽。也不知是哪一位负责接待工作的革命委员会人员为了更深表达出苏州人民对柬埔寨人民的友谊，就又向亲王推荐了一道“黄豆鸭血汤”。这可给宾馆后厨的师傅们出了一道不小的难题。师傅们只能动起了“杀鸡取卵”的脑筋，精选出一百零八只本地老母鸡，开膛破肚后取出鸡卵，然后筛选出一粒粒如黄豆般大小的鸡卵，才做出了一锅所谓的“黄豆血汤”。端上桌后，亲王对着金边碗中看了一眼，黄澄澄的鸡卵，玉白色的鸡肠映衬着一块块紫红色的鸡鸭血，顿觉赏心悦目，食指大动。亲王一口气连吃了三碗，也就此对苏州美食留下了更深的印象。

以上三种小吃汤食，虽说在苏州可谓是随处可见，但严格来说，还算不得最具苏州特质的，真要想吃，从南京到上海都能吃得到，风味也没什么大区别，真正最具苏州特质的小吃汤食当推“藏书羊汤”了。尤其是在寒风凛冽的冬日里，孵在热气腾腾的羊汤店里，一碗接着一碗喝羊汤，一直以来都是老苏州人难以割舍的情结。当年李根源先生虽是云南腾冲人，却对苏州的一碗羊肉汤情有独钟。在2011年5月5日的《姑苏晚报》中，曾记有李根源先生当年的一段轶事：“小王山周围的几个村农民冬天要去周围集镇和苏州市里开羊肉店。这种小本经营的生意，很容易受到城里仗势欺人的有钱人和社会上的一些小混混的敲诈。有一次，一个阔少在店里闹事，还打了开店的村民。李先生知道后，就出面找了那个阔少的家人。说开羊肉店的村民都是他的乡亲。第二天，那个阔少和家里人拿了礼品，点了大红蜡烛，来赔礼道歉。至此，藏书卖羊肉的人找到‘保护伞’才得以在苏州城里落脚，大家对开羊肉店的藏书人不敢欺负了。周土龙的祖父是较早进城开藏书羊肉店的。当时李根源还到其祖父的店里吃过羊肉，并送过一副对联给其祖父。周土龙就亲耳听到父辈们说过，没有李根源就没有今天遍地开花的藏书羊肉。”

烧羊肉汤一定要用木桶才正宗

传统羊肉汤

位于穹窿山下的藏书镇，地处苏州西郊丘陵地带，境内群山绵延，植被丰富，有得天独厚适宜养羊的自然生态环境。早在明清时代，藏书一带农民就有冬闲时节以烧卖羊肉为副业的习俗，一般都以担卖或摊卖为经营方式，只有在秋冬之交时，苏城古城内外的羊肉店才会纷纷开张，一直到冬去春来之际才歇业等待下季。这种羊肉店的店堂都不大，大多都只有一二十平方米。由于是季节性经营，店堂里也谈不上有什么装潢，最多门口竖一块牌子，上写“羊汤勿鲜勿要铜钿”几个字，权当是招牌了。靠里，三四张八仙桌，十来条长凳，门口立一锅灶，这就是羊肉店的标准配置了。

藏书羊肉选用优质体健的雌山羊（俗称羊婆）和阉割过的小公羊（俗称镦羊）为原料。宰杀洗净后把切成块的羊肉连同头、脚、内脏什件等一并放入盆堂内焯水。羊肉店的盆汤很有特点，下面是一口大铁镬，上接一口没底的大木桶，故而又称为“接锅”。根据羊肉店老板介绍，烧羊肉汤一定要用木桶，这样才能使得成汤色白香郁，羊肉酥而不烂，吃口鲜而不腻，常食不厌。焯好水后，接锅和羊肉都要用清水洗净，将依附在上的渣滓去除干净，行话称此为“割脚”。然后才能把羊肉放入接锅中，加足清水后用旺火烧开，转慢火再煨三四个小时，一锅香气浓馥、汤清味美的羊汤即可面市了。

羊肉的食疗价值非常高，据李时珍在《本草纲目》所说：“羊肉能暖中补虚，补中益气，开胃健身，益肾气，养胆明目，治虚劳寒冷，五劳七伤。”羊肉性热、味甘，是适宜于冬季进补及补阳的佳品，它能助元阳，补精血，疗肺虚，益劳损，是一种滋补强壮药。但对于大多数苏州人来说，恐怕并非全是为此。老友王海曾有一段回忆：“在那个年代里，肉类食品极度匮乏不说，要是有肉，一般也是大肉，且是当作下饭之菜用的，平时里偶尔吃个点心什么的，汤包之类已是最高境界了。空口吃肉、喝肉汤，那可是了不得的事情。就着鲜美无比的羊汤，把羊肉咽下去时，身体竟然会产生出一种微微发痒和颤抖的幸福感觉。”大约这才是苏州人羊汤情结的真正所在。可惜，于我而言却没有这等好福气。当年一碗羊汤卖一两毛钱的时候，我不能多喝。如果连着三天进羊汤店，第四天一准出鼻血。如今倒是没这毛病了，天天连着喝，一点感觉都没有，可是一碗羊汤却涨到了一二十元，吃着又觉得舍不得钱了。

后记

“食文的作者大致有三类：一是文史大家，博古通今，溯源追踪而成美食史话，读来振聋发聩；二是食品家，由于种种便利，赴宴出席繁多，结果而成美食大观，读来让人大开眼界；第三类人则是以吃为趣者，其文平实，小处着笔，细中求趣，虽说难称大雅，但读来却更觉精致且还亲近。”这是俞涌先生得知我在着手这本“小吃记”创作时给出的点拨。

俞先生之言难脱高抬之嫌，但也觉中听。纵览苏州文化，一个“小”，确实也是姑苏文化的一个重要标志。小桥流水，园林小品，核雕玉器，红木小件等等皆有实例。当然，作为苏州文化的一个重要分支，“苏食”自然也有它小的奇妙，姑苏小吃即为一例。

世人素有“民以食为天”一说。所谓的“食”其实也可分为两个层面，从生理层面上说，是一种动物本能，通过吃，求得生存，即便是大快朵颐，实质还只是满足生理上的需求。但从精神层面来说，“食”的含义却要丰富许多。以我之见，食的享受首先给人带来的是回忆，奶奶裹出的小脚粽，爷爷买回来的豆腐花，陆文夫笔下的头汤面，“笃笃笃，买糖粥”的吆喝声，桩桩件件都能使人感觉到时空的穿越，同时却也实实在在地感受到温馨情切。

也许正是出于这，组稿时给我下达的指令就是要写得小，编撰的范围不仅只限于苏州的点心，而且还不能把糖果糕点、茶点路食、筵席船点等内容涵盖在内。换句话说，所能撰写的即是传统意义点心店和路边摊上的小吃和点心。

这不明摆着是在难为人吗？可偏偏就有大侠这么说："所谓的'精'和'致'，要点就在一个'小'，小中求精，小中及致，若把万里长城当作立足点，谁也没本事叙述出精致。"

高论出自哪位大侠，读者自行对号入座，只是这本小书能否达到如此境界，笔者也只能忐忑。单凭笔者的出身和阅历以及笔力所致，自认也算是尽力而为了。

图书在版编目（CIP）数据

小吃记 / 老凡著. — 苏州：古吴轩出版社，2016.2（2018.9重印）
（典范苏州社科普及精品读本 / 蔡丽新主编. 品味口感苏州）
ISBN 978-7-5546-0471-7

Ⅰ. ①小… Ⅱ. ①老… Ⅲ. ①风味小吃—介绍—苏州市 Ⅳ. ① TS972.116

中国版本图书馆CIP数据核字（2015）第141025号

主　　编：蔡丽新
副 主 编：孙艺兵　刘伯高
责任编辑：陆月星
封面设计：陆月星
装帧设计：唐　朝　韩桂丽
责任照排：刘　浩
责任校对：韩　珏
图片提供：老　凡　华永根　陈锡荣　祁金平　于　祥　王亭川
　　　　　秦　姚　张颉颉　唐伟明　纪梦远　葳　蕤　拉　拉
插　　图：张晓飞
篆　　刻：卫知立

书　　名：品味 口感苏州 小吃记
著　　者：老　凡
出版发行：古吴轩出版社
地址：苏州市十梓街458号　邮编：215006
Http://www.guwuxuancbs.com　E-mail：gwxcbs@126.com
电话：0512-65233679　传真：0512-65220750
出 版 人：钱经纬
印　　刷：苏州市越洋印刷有限公司
开　　本：905×1270　1/32
印　　张：8
版　　次：2016年2月第1版
印　　次：2018年9月第2次印刷
书　　号：ISBN 978-7-5546-0471-7
定　　价：48.00元

如有印装质量问题，请与印刷厂联系。0512-68180628

封面用纸：190g东方雅韵　内页用纸：80g雅质　金华盛纸业提供